“十四五”时期国家重点出版物出版专项规划项目

智慧养殖系列

规模化牧场管理与奶牛养殖标准化操作流程

◎ 安晓萍 王 园 著

中国农业科学技术出版社

图书在版编目(CIP)数据

规模化牧场管理与奶牛养殖标准化操作流程 / 安晓萍，王园著. --北京：中国农业科学技术出版社，2024. 5

ISBN 978-7-5116-6780-9

Ⅰ. ①规… Ⅱ. ①安…②王… Ⅲ. ①乳牛场-生产管理-标准化管理 Ⅳ. ①S823. 9

中国国家版本馆 CIP 数据核字(2024)第 078753 号

责任编辑 施睿佳 姚 欢

责任校对 王 彦

责任印制 姜义伟 王思文

出 版 者 中国农业科学技术出版社

北京市中关村南大街 12 号 邮编：100081

电　　话 (010) 82106631 (编辑室) (010) 82109702 (发行部)

(010) 82109709 (读者服务部)

网　　址 https://castp.caas.cn

经 销 者 各地新华书店

印 刷 者 北京建宏印刷有限公司

开　　本 185 mm×260 mm 1/16

印　　张 8

字　　数 200 千字

版　　次 2024 年 5 月第 1 版 2024 年 5 月第 1 次印刷

定　　价 78. 00 元

《规模化牧场管理与奶牛养殖标准化操作流程》

著作委员会

主　著： 安晓萍　王　园

副主著： 刘　娜

参　著： 齐景伟　李　霞　王文文　王步钰
郭　焘　安禹宁　扎拉嘎　王小艳

前　言

近年来，我国居民人均收入水平的提高及消费观念的不断提升，导致居民对优质肉蛋奶的需求量逐年提高。奶牛养殖业作为畜牧业重要产业之一，承担着为国民提供优质奶源、满足人民群众日益增长的美好生活需求的任务。随着我国奶产业的发展，奶牛单产能力以及生鲜奶加工能力整体呈现上升趋势。2023 年我国牛奶年产量达 4 197万吨，同比增长 6.7%。相较于 2018 年，中国牛奶产量提升超 1 000万吨。奶产业已成为农业发展中的一个热点行业，在促进我国农业结构调整、增加农民收入、扩大内需、拉动消费和提高国民身体素质方面的作用越来越明显，已成为关系国民经济发展和社会进步的重要产业。

为了适应我国奶牛标准化养殖发展的需要，笔者团队组织编写了《规模化牧场管理与奶牛养殖标准化操作流程》，重点介绍了各阶段奶牛营养需要及各阶段奶牛养殖标准化操作规范，还介绍了奶牛场卫生及防疫管理的操作规范，具有较强的针对性、操作性及实用性。本书可作为新农科建设背景下高等农林院校和高职院校畜牧专业教材，也可作为现代化牛场标准化养殖培训资料。相信本书的出版对提高奶牛生产管理水平、促进养殖效益的提升具有重要意义。

全书由安晓萍（内蒙古农业大学）、王园（内蒙古农业大学）主著，刘娜（内蒙古农业大学）副主著，参著的还有齐景伟（内蒙古农业大学）、李霞（内蒙古圣牧控股有限公司）、王文文（内蒙古农业大学）、王步钰（内蒙古农业大学）、郭焘（内蒙古农业大学）、安禹宁（内蒙古农业大学）、扎拉嘎（内蒙古圣牧控股有限公司）、王小艳（内蒙古圣牧控股有限公司）。

著　者

2024 年 5 月

目　　录

第一章　品　　种

1.1　荷斯坦牛

荷斯坦牛起源于荷兰弗里斯兰省，是古老的乳用牛品种之一，荷斯坦牛特点为产乳量高，体格大，乳房发达，适用于机器挤奶，且其饲料转化效率高。

该品种早在15世纪就以产乳量高而闻名于世。其形成与原产地的自然环境和社会经济条件密切相关。荷兰地势低洼，土壤肥沃，气候温和，雨量充沛。牧草生长茂盛，草地面积大，且沟渠纵横贯穿，形成了天然的放牧栏界，是奶牛放牧的天然宝地。同时，历史上荷兰曾是欧洲一个重要的海陆交通枢纽，干酪、奶油以及牛只随着发达的海陆交通运往世界各地。由于荷斯坦牛及其乳制品出口量大，极大地促进了该品种的选育及品质的提高。

荷斯坦牛风土驯化能力强，大多数国家均能饲养。被各国引入后，又经长期选育或同本国牛杂交而育成适应当地环境条件、各具特点的荷斯坦牛，有的被冠以各国名称，如美国荷斯坦牛、日本荷斯坦牛、中国荷斯坦牛等，有的仍以原产地命名。

近一个世纪以来，世界上的荷斯坦牛，由于各国对其选育方向不同，分别育成了以美国、加拿大、以色列等国家为代表的乳用型和以荷兰、德国、丹麦、瑞典、挪威等欧洲国家为代表的乳肉兼用型两大类型。

1.1.1　体貌特征

1.1.1.1　乳用型荷斯坦牛

乳用型荷斯坦牛具有典型的乳用型牛外貌特征。成年母牛体型侧望、前望、上望均呈明显的楔形结构，后躯较前躯发达。体格高大，结构匀称，皮薄骨细，皮下脂肪少。乳房庞大，且前伸后延好，乳静脉粗大而多弯曲。头狭长清秀，背腰平直，尻方正，四肢端正。被毛细短，毛色呈黑白斑块，界限分明，额部有白星，腹下、四肢下部及尾帚为白色。

乳用型荷斯坦成年公牛体重900~1 200 kg，平均体高为145 cm，体长190 cm，胸围226 cm，管围23 cm；成年母牛依次为650~750 kg，134 cm，170 cm，195 cm，19 cm。犊牛初生重平均为40~50 kg，约为母牛体重的7%。

1.1.1.2　乳肉兼用型荷斯坦牛

乳肉兼用型荷斯坦牛体格略小于乳用型，体躯低矮宽深，侧望略呈矩形，皮肤柔软而稍厚。鬐甲宽厚，胸宽且深，背腰宽平，尻部方正，四肢短而开张，肢势端正。乳房发育均称，附着好，多呈方圆形。毛色与乳用型相同，但花片更加整齐美观。乳肉兼用型荷斯坦成年公牛体重900~1 100 kg，成年母牛体重550~700 kg，犊牛初生重平均为35~45 kg。全身肌肉较乳用型丰满。母牛平均体高120 cm，体长150 cm，胸围平均为197 cm。

1.1.2 生产性能

1.1.2.1 乳用型荷斯坦牛

产奶量为各乳牛品种之冠。美国2000年登记的荷斯坦牛平均年产奶量为9 777 kg，乳脂率为3.66%，乳蛋白率为3.23%。1997年，美国一荷斯坦牛个体最高年泌乳量达30 833 kg，创造了一个泌乳期个体产奶量的世界纪录。创终生产奶量最高纪录的是美国加利福尼亚州的一头奶牛，在泌乳的4 796 d内共产奶189 000 kg，平均乳脂率为3.14%。

1.1.2.2 乳肉兼用型荷斯坦牛

平均年产奶量较乳用型低，一般为4 500~6 000 kg，乳脂率为3.9%~4.5%。高产个体可达10 000 kg以上。

乳肉兼用型荷斯坦牛的肉用性能较好。经肥育的公牛，500日龄平均活重为556 kg，屠宰率为62.8%，眼肌面积为60 cm^2。该类型牛在肉用方面的一个显著特点是育肥期日增重高，小公牛平均日增重可达1 195g。随着乳牛业的发展，奶公牛育肥生产将有很大的潜力。淘汰的成年母牛经100~150 d育肥后屠宰，其平均日增重为900~1 100g，表现出较高的增重强度。

1.1.3 品种特性

荷斯坦牛生产性能高，遗传性稳定，性情较温顺，易于管理，外界的刺激对其产奶量影响较小。适应性强，尤其抗寒，但不耐热，夏季高温时产奶量明显下降。乳脂率较低，对饲草、饲料条件要求较高，适宜于我国饲草、饲料条件好的城市郊区和农区饲养。乳用型荷斯坦牛成熟较晚，一般在16~20月龄开始配种，6.0~8.5岁产奶量达到高峰。但乳肉兼用型荷斯坦牛比较早熟，在14~18月龄开始配种。

1.1.4 杂交改良效果

荷斯坦牛引入我国进行黄牛改良已有几十年的历史，杂种一代的年产奶量为2 000~2 500 kg，二代为2 700~3 200 kg，三代以上接近乳肉兼用型荷斯坦牛的产奶量，在4 000 kg以上。杂种牛既耐粗饲，又可使役。四代杂种牛经过横交固定、自群繁育已育成中国荷斯坦牛。

1.2 中国荷斯坦牛

中国荷斯坦牛是利用从不同国家引入的纯种荷斯坦牛经过纯繁、纯种牛与我国当地黄牛杂交，并用纯种荷斯坦牛级进杂交、高代杂种相互横交固定，后代自群繁育，经长期选育（历经100多年）而培育成的我国唯一的奶牛品种。1987年在农牧渔业部和中国奶牛协会的主持下，通过了品种鉴定验收。中国荷斯坦牛原称中国黑白花牛，为了与国际接轨，1992年农业部批准更名为中国荷斯坦牛。

由于各地引入的种公牛来源不同、本地母牛类型不一，以及饲养环境条件的差异，因此育成的中国荷斯坦牛的体型有大、中、小3个类型。目前在全国各地均有分布，且已有了国家标准，分南方型和北方型两种。

1.2.1 外貌特征

目前，中国荷斯坦牛多为乳用型，华南地区有少数个体稍偏乳肉兼用型。体质细致结实，结构匀称，毛色为黑白相间，花片分明。乳房附着良好，质地柔软，乳静脉明显，乳头大小、分布适中，具有典型的品种特征。和国外荷斯坦牛相比，中国荷斯坦牛的外貌体格不甚一致、乳用特征欠明显、尖斜尻较多、肢势有些不正。但随着培育条件的改善和选择的加强，在逐渐缩小或趋向一致。中国荷斯坦牛体重与体尺如表1-1所示。

中国荷斯坦牛外貌特征如图1-1至图1-3所示。

表1-1 中国荷斯坦牛体重与体尺

中国荷斯坦牛	体重与体尺要求
犊牛	母犊牛初生重不低于36 kg，公犊牛初生重不低于38 kg，双（多）胞胎除外。母犊牛2月龄（断奶）体重不低于86 kg
母牛	12月龄体重不低于320 kg，体高不低于124 cm，胸围不低于162 cm；13月龄（初配）体重不低于360 kg，体高不低于125 cm，胸围不低于165 cm；18月龄体重不低于465 kg，体高不低于130 cm，胸围不低于175 cm；24月龄体重不低于550 kg，体高不低于140 cm，胸围不低于195 cm；成年体重不低于590 kg
公牛	12月龄体重不低于430 kg，体高不低于135 cm；24月龄体重不低于720 kg，体高不低于147 cm；成年体重不低于900 kg

a）母牛

b）公牛

图1-1 中国荷斯坦牛头部

a）母牛　　b）公牛

图 1–2　中国荷斯坦牛侧部

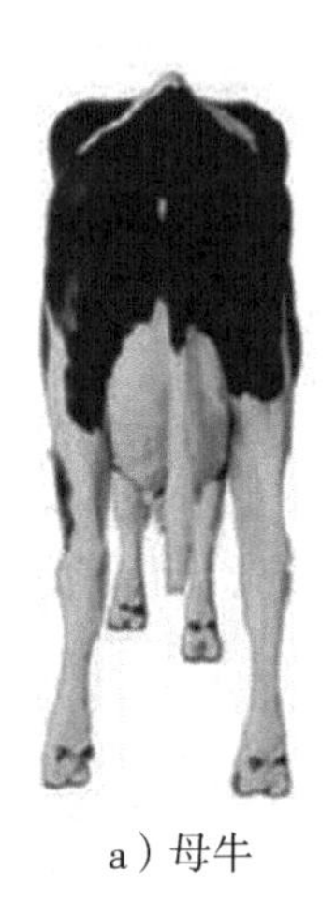

a）母牛　　b）公牛

图 1–3　中国荷斯坦牛后部

1.2.2　生产性能

据我国 21 925 头品种登记牛的统计，中国荷斯坦牛 305 d 各胎次平均产奶量为 6 359 kg，平均乳脂率为 3.56%，其中第一泌乳期产奶量为 5 693 kg，平均乳脂率为 3.57%，第三泌乳期产奶量为 6 919 kg，平均乳脂率为 3.57%。在北京、上海、天津，以及黑龙江、吉林、辽宁、内蒙古、新疆、山西等地的大中城市附近及重点育种场，其全群年平均产奶量达 7 000 kg以上，个别高产牛群平均产奶量已超过 8 000 kg，超过 10 000 kg的奶牛个体不断涌现。总体上，北方地区产奶量较高，南方地区由于气候炎热而相对较低。中国荷斯坦牛产奶性能如表 1–2 所示。

表 1–2　中国荷斯坦牛产奶性能

中国荷斯坦牛	产奶性能
头产母牛	在正常饲养管理条件下，305 d 产奶量不低于 7 000 kg，乳脂率不低于 3.4%，乳蛋白率不低于 3.0%，干物质含量不低于 11.5%

（续表）

中国荷斯坦牛	产奶性能
经产母牛	在正常饲养管理条件下，305 d 产奶量不低于 8 000 kg，乳脂率不低于 3.4%，乳蛋白率不低于 3.0%，干物质含量不低于 11.5%

1.2.3 杂交改良效果

中国荷斯坦牛同我国本地黄牛杂交，效果一般表现良好，其后代乳用体型得到改善，体格增大，产奶性能亦大幅度提高。针对中国荷斯坦牛还存在外貌体格不甚一致、乳用特征欠明显、尖斜尻较多、产奶量较低等缺点，今后选育的方向是：加强适应性的选育，特别是耐热、抗病能力的选育，重视牛的外貌结构和体质，提高优良牛在牛群中的比例，稳定优良的遗传特性。对牛生产性能的选择，仍以提高产奶量为主，并具有一定的肉用性能，注意提高乳脂率。

第二章 营养与饲养管理

2.1 种公牛的营养需要

日粮营养是种公牛健康的物质基础，必须满足种公牛的营养需要来保持其健康的体质、充沛的精力，从而延长种公牛的使用年限。任何营养物质的缺乏和过量都将会影响种公牛的健康水平，因此，只有营养全面才能使种公牛保持种用价值，不同体重(500~1 400 kg)种公牛营养需要见表2-1。

表2-1 不同体重（500~1 400 kg）种公牛营养需要

体重/kg	日粮干物质/kg	奶牛能量单位NND	产奶净能/Mcal	产奶净能/MJ	可消化粗蛋白质/g	钙/g	磷/g	胡萝卜素/mg
500	7.99	13.40	10.05	42.05	423	32	24	53
600	9.17	15.36	11.52	48.20	485	36	27	64
700	10.29	17.24	12.93	54.10	544	41	31	74
800	11.37	19.05	14.29	59.79	602	45	34	85
900	12.42	20.81	15.61	65.32	657	49	37	95
1 000	13.44	22.52	16.89	70.64	711	53	40	106
1 100	14.44	24.26	18.15	75.94	764	57	43	117
1 200	15.42	25.83	19.37	81.05	816	61	46	127
1 300	16.37	27.49	20.57	86.07	866	65	49	138
1 400	17.31	28.99	21.74	90.97	916	69	52	148

注：奶牛能量单位采用相当于1 kg含乳率为4%的标准乳能量，即3 138 kJ产奶净能，汉语拼音首字母缩写为NND。

2.2 母牛的营养需要

2.2.1 后备母牛营养需要

后备母牛是指从出生到第一次产犊之间的奶牛，一般分为4个阶段：哺乳期犊牛、断奶后犊牛、育成牛及青年牛，持续时间长，可达22~27个月。在这一阶段，后备母牛的消化系统、骨骼系统、生殖系统及泌乳系统必须得到充分的发育，才能为健康高产的奶牛打下坚实基础。科学合理培育后备母牛，不仅可以延长成年奶牛的生命和使用年限，提高饲料利用率和产奶量，降低养殖成本和增加经济收入，还有利于奶牛业的长期发展，为高产和稳定的奶牛群奠定基础。目前。各国分别制定了本国的奶牛营养标准，根据营养需要量，可以科学地配制日粮，并根据饲养阶段进行更好的饲养管理，本节主要介绍中国使用较多的中国奶牛营养需要量标准。后备母牛营养需求如表 2-2 所示。

表 2-2 后备母牛营养需求

体重/kg	日增重/g	日粮干物质/kg	奶牛能量单位NND	产奶净能/Mcal	产奶净能/MJ	可消化粗蛋白质/g	小肠可消化蛋白质/g	钙/g	磷/g	胡萝卜素/mg	维生素A/kIU
40	0	—	2.20	1.65	6.90	41	—	2	2	4.0	1.6
	200	—	2.67	2.00	8.37	92	—	6	4	4.1	1.6
	300	—	2.93	2.20	9.21	117	—	8	5	4.2	1.7
	400	—	3.23	2.42	10.13	141	—	11	6	4.3	1.7
	500	—	3.52	2.64	11.05	164	—	12	7	4.4	1.8
	600	—	3.84	2.86	12.05	188	—	14	8	4.5	1.8
	700	—	4.19	3.14	13.14	210	—	16	10	4.6	1.8
	800	—	4.56	3.42	14.31	231	—	18	11	4.7	1.9
50	0	—	2.56	1.92	8.04	49	—	3	3	5.0	2.0
	300	—	3.32	2.49	10.42	124	—	5	5	5.3	2.1
	400	—	3.60	2.70	11.30	148	—	6	6	5.4	2.2
	500	—	3.92	2.94	12.31	172	—	8	8	5.5	2.2
	600	—	4.24	3.18	13.31	194	—	9	9	5.6	2.2
	700	—	4.60	3.45	14.44	216	—	10	10	5.7	2.3
	800	—	4.99	3.74	15.65	238	—	11	11	5.8	2.3
60	0	—	2.89	2.17	9.08	56	—	4	3	6.0	2.4
	300	—	3.67	2.75	11.51	131	—	10	5	6.3	2.5
	400	—	3.96	2.97	12.43	154	—	12	6	6.4	2.6
	500	—	4.28	3.21	13.44	178	—	14	8	6.5	2.6
	600	—	4.63	3.47	14.52	199	—	16	9	6.6	2.6
	700	—	4.99	3.74	15.65	221	—	18	10	6.7	2.7
	800	—	5.37	4.03	16.87	243	—	20	11	6.8	2.7

（续表）

体重/kg	日增重/g	日粮干物质/kg	奶牛能量单位NND	产奶净能/Mcal	产奶净能/MJ	可消化粗蛋白质/g	小肠可消化蛋白质/g	钙/g	磷/g	胡萝卜素/mg	维生素A/kIU
70	0	1.22	3.21	2.41	10.09	63	—	4	4	7.0	2.8
	300	1.67	4.01	3.01	12.60	142	—	10	6	7.9	3.2
	400	1.85	4.32	3.24	13.56	168	—	12	7	8.1	3.2
	500	2.03	4.64	3.48	14.56	193	—	14	8	8.3	3.3
	600	2.21	4.99	3.74	15.65	215	—	16	10	8.4	3.4
	700	2.39	5.36	4.02	16.82	239	—	18	11	8.5	3.4
	800	3.61	5.76	4.32	18.08	262	—	20	12	8.6	3.4
80	0	1.35	3.51	2.63	11.01	70	—	5	4	8.0	3.2
	300	1.80	4.32	3.24	13.56	149	—	11	6	9.0	3.6
	400	1.98	4.64	3.48	14.57	174	—	13	7	9.1	3.6
	500	2.16	4.96	3.72	15.57	198	—	15	8	9.2	3.7
	600	2.34	5.32	3.99	16.70	222	—	17	10	9.3	3.7
	700	2.57	5.71	4.28	17.91	245	—	19	11	9.4	3.8
	800	2.79	6.12	4.59	19.21	268	—	21	12	9.5	3.8
90	0	1.45	3.80	2.85	11.93	76	—	6	5	9.0	3.6
	300	1.84	4.64	3.48	14.57	154	—	12	7	9.5	3.8
	400	2.12	4.96	3.72	15.57	179	—	14	8	9.7	3.9
	500	2.30	5.29	3.97	16.62	203	—	16	9	9.9	4.0
	600	2.48	5.65	4.24	17.75	226	—	18	11	10.1	4.0
	700	2.70	6.06	4.54	19.00	249	—	20	12	10.3	4.1
	800	2.93	6.48	4.86	20.34	272	—	22	13	10.5	4.2
100	0	1.62	4.08	3.06	12.81	82	—	6	5	10.0	4.0
	300	2.07	4.93	3.70	15.49	173	—	13	7	10.5	4.2
	400	2.25	5.27	3.95	16.53	202	—	14	8	10.7	4.3
	500	2.43	5.61	4.21	17.62	231	—	16	9	11.0	4.4
	600	2.66	5.99	4.49	18.79	258	—	18	11	11.2	4.4
	700	2.84	6.39	4.79	20.05	285	—	20	12	11.4	4.5
	800	3.11	6.81	5.11	21.39	311	—	22	13	11.6	4.6

（续表）

体重/kg	日增重/g	日粮干物质/kg	奶牛能量单位NND	产奶净能/Mcal	产奶净能/MJ	可消化粗蛋白质/g	小肠可消化蛋白质/g	钙/g	磷/g	胡萝卜素/mg	维生素A/kIU
	0	1.89	4.73	3.55	14.86	97	82	8	6	12.5	5.0
	300	2.39	5.64	4.23	17.70	186	164	14	7	13.0	5.2
	400	2.57	5.96	4.47	18.71	215	190	16	8	13.2	5.3
	500	2.79	6.35	4.76	19.92	243	215	18	10	13.4	5.4
125	600	3.02	6.75	5.06	21.18	268	239	20	11	13.6	5.4
	700	3.24	7.17	5.38	22.51	295	264	22	12	13.8	5.5
	800	3.51	7.63	5.72	23.94	322	288	24	13	14.0	5.6
	900	3.74	8.12	6.09	25.48	347	311	26	14	14.2	5.7
	1 000	4.05	8.67	6.50	27.20	370	332	28	16	14.4	5.8
	0	2.21	5.35	4.01	16.78	111	94	9	8	15.0	6.0
	300	2.70	6.31	4.73	19.80	202	175	15	9	15.7	6.3
	400	2.88	6.67	5.00	20.92	226	200	17	10	16.0	6.4
	500	3.11	7.05	5.29	22.14	254	225	19	11	16.3	6.5
150	600	3.33	7.47	5.60	23.44	279	248	21	12	16.6	6.6
	700	3.60	7.92	5.94	24.86	305	272	23	13	17.0	6.8
	800	3.83	8.40	6.30	26.36	331	296	25	14	17.3	6.9
	900	4.10	8.92	6.69	28.00	356	319	27	16	17.6	7.0
	1 000	4.41	9.49	7.12	29.80	378	339	29	17	18.0	7.2
	0	2.48	5.93	4.45	18.62	125	106	11	9	17.5	7.0
	300	3.02	7.05	5.29	22.14	210	184	17	10	18.2	7.3
	400	3.20	7.48	5.61	23.48	238	210	19	11	18.5	7.4
	500	3.42	7.95	5.96	24.94	266	235	22	12	18.8	7.5
175	600	3.65	8.43	6.32	26.45	290	257	23	13	19.1	7.6
	700	3.92	8.96	6.72	28.12	316	281	25	14	19.4	7.8
	800	4.19	9.53	7.15	29.92	341	304	27	15	19.7	7.9
	900	4.50	10.15	7.61	31.85	365	326	29	16	20.0	8.0
	1 000	4.82	10.81	8.11	33.94	387	346	31	17	20.3	8.1

（续表）

体重/kg	日增重/g	日粮干物质/kg	奶牛能量单位NND	产奶净能/Mcal	产奶净能/MJ	可消化粗蛋白质/g	小肠可消化蛋白质/g	钙/g	磷/g	胡萝卜素/mg	维生素A/kIU
200	0	2. 70	6. 48	4. 86	20. 34	160	133	12	10	20. 0	8. 0
	300	3. 29	7. 65	5. 74	24. 02	244	210	18	11	21. 0	8. 4
	400	3. 51	8. 11	6. 08	25. 44	271	235	20	12	21. 5	8. 6
	500	3. 74	8. 59	6. 44	26. 95	297	259	22	13	22. 0	8. 8
	600	3. 96	9. 11	6. 83	28. 58	322	282	24	14	22. 5	9. 0
	700	4. 23	9. 67	7. 25	30. 34	347	305	26	15	23. 0	9. 2
	800	4. 55	10. 25	7. 69	32. 18	372	327	28	16	23. 5	9. 4
	900	4. 86	10. 91	8. 18	34. 23	396	396	30	17	24. 0	9. 6
	1 000	5. 18	11. 60	8. 70	36. 41	417	417	32	18	24. 5	9. 8
250	0	3. 20	7. 53	5. 65	23. 64	189	157	15	13	25. 0	10. 0
	300	3. 83	8. 83	6. 62	27. 70	270	231	21	14	26. 5	10. 6
	400	4. 05	9. 31	6. 98	29. 21	296	255	23	15	27. 0	10. 8
	500	4. 32	9. 83	7. 37	30. 84	323	279	25	16	27. 5	11. 0
	600	4. 59	10. 40	7. 80	32. 64	345	300	27	17	28. 0	11. 2
	700	4. 86	11. 01	8. 26	34. 56	370	323	29	18	28. 5	11. 4
	800	5. 18	11. 65	8. 74	36. 57	394	345	31	19	29. 0	11. 6
	900	5. 54	12. 37	9. 28	38. 83	417	365	33	20	29. 5	11. 8
	1 000	5. 90	13. 13	9. 83	41. 13	437	385	35	21	30. 0	12. 0
300	0	3. 69	8. 51	6. 38	26. 70	216	180	18	15	30. 0	12. 0
	300	4. 37	10. 08	7. 56	31. 64	295	253	24	16	31. 5	12. 6
	400	4. 59	10. 68	8. 01	33. 52	321	276	26	17	32. 0	12. 8
	500	4. 91	11. 31	8. 48	35. 49	346	299	28	18	32. 5	13. 0
	600	5. 18	11. 99	8. 99	37. 62	368	320	30	19	33. 0	13. 2
	700	5. 49	12. 72	9. 54	39. 92	392	342	32	20	33. 5	13. 4
	800	5. 85	13. 51	10. 13	42. 39	415	362	34	21	34. 0	13. 6
	900	6. 21	14. 36	10. 77	45. 07	438	383	36	22	34. 5	13. 8
	1 000	6. 62	15. 29	11. 47	48. 00	458	402	38	23	35. 0	14. 0

（续表）

体重/kg	日增重/g	日粮干物质/kg	奶牛能量单位 NND	产奶净能/Mcal	产奶净能/MJ	可消化粗蛋白质/g	小肠可消化蛋白质/g	钙/g	磷/g	胡萝卜素/mg	维生素A/kIU
	0	4.14	9.43	7.07	29.59	243	202	21	18	35.0	14.0
	300	4.86	11.11	8.33	34.86	321	273	27	19	36.8	14.7
	400	5.13	11.76	8.82	36.91	345	296	29	20	37.4	15.0
	500	5.45	12.44	9.33	39.04	369	318	31	21	38.0	15.2
350	600	5.76	13.17	9.88	41.34	392	338	33	22	38.6	15.4
	700	6.08	13.96	10.47	43.81	415	360	35	23	39.2	15.7
	800	6.39	14.83	11.12	46.53	442	381	37	24	39.8	15.9
	900	6.84	15.75	11.81	49.42	460	401	39	25	40.4	16.1
	1 000	7.29	16.75	12.56	52.56	480	419	41	26	41.0	16.4
	0	4.55	10.32	7.74	32.39	268	224	24	20	40.0	16.0
	300	5.36	12.28	9.21	38.54	344	294	30	21	42.0	16.8
	400	5.63	13.03	9.77	40.88	368	316	32	22	43.0	17.2
	500	5.94	13.81	10.36	43.35	393	338	34	23	44.0	17.6
400	600	6.30	14.65	10.99	45.99	415	359	36	24	45.0	18.0
	700	6.66	15.57	11.68	48.87	438	380	38	25	46.0	18.4
	800	7.07	16.56	12.42	51.97	460	400	40	26	47.0	18.8
	900	7.47	17.64	13.24	55.40	482	420	42	27	48.0	19.2
	1 000	7.97	18.80	14.10	59.00	501	437	44	28	49.0	19.6
	0	5.00	11.16	8.37	35.03	293	244	27	23	45.0	18.0
	300	5.80	13.25	9.94	41.59	368	313	33	24	48.0	19.2
	400	6.10	14.04	10.53	44.06	393	335	35	25	49.0	19.6
	500	6.50	14.88	11.16	46.70	417	355	37	26	50.0	20.0
450	600	6.80	15.80	11.85	49.59	439	377	39	27	51.0	20.4
	700	7.20	16.79	12.58	52.64	461	398	41	28	52.0	20.8
	800	7.70	17.84	13.38	55.99	484	419	43	29	53.0	21.2
	900	8.10	18.99	14.24	59.59	505	439	45	30	54.0	21.6
	1 000	8.60	20.23	15.17	63.48	524	456	47	31	55.0	22.0

（续表）

体重/kg	日增重/g	日粮干物质/kg	奶牛能量单位NND	产奶净能/Mcal	产奶净能/MJ	可消化粗蛋白质/g	小肠可消化蛋白质/g	钙/g	磷/g	胡萝卜素/mg	维生素A/kIU
500	0	5. 40	11. 97	8. 98	37. 58	317	264	30	25	50. 0	20. 0
	300	6. 30	14. 37	10. 78	45. 11	392	333	36	26	53. 0	21. 2
	400	6. 60	15. 27	11. 45	47. 91	417	355	38	27	54. 0	21. 6
	500	7. 00	16. 24	12. 18	50. 97	441	377	40	28	55. 0	22. 0
	600	7. 30	17. 27	12. 95	54. 19	463	397	42	29	56. 0	22. 4
	700	7. 80	18. 39	13. 79	57. 70	485	418	44	30	57. 0	22. 8
	800	8. 20	19. 61	14. 71	61. 55	507	438	46	31	58. 0	23. 2
	900	8. 70	20. 91	15. 68	65. 61	529	458	48	32	59. 0	23. 6
	1 000	9. 30	22. 33	16. 75	70. 09	548	476	50	33	60. 0	24. 0
550	0	5. 80	12. 77	9. 58	40. 09	341	284	33	28	55. 0	22. 0
	300	6. 80	15. 31	11. 48	48. 04	417	354	39	29	58. 0	23. 0
	400	7. 10	16. 27	12. 20	51. 05	441	376	41	30	59. 0	23. 6
	500	7. 50	17. 29	12. 97	54. 27	465	397	43	31	60. 0	24. 0
	600	7. 90	18. 40	13. 80	57. 74	487	418	45	32	61. 0	24. 4
	700	8. 30	19. 57	14. 68	61. 43	510	439	47	33	62. 0	24. 8
	800	8. 80	20. 85	15. 64	65. 44	533	460	49	34	63. 0	25. 2
	900	9. 30	22. 25	16. 69	69. 84	554	480	51	35	64. 0	25. 6
	1 000	9. 90	23. 76	17. 82	74. 56	573	496	53	36	65. 0	26. 0
600	0	6. 20	13. 53	10. 15	42. 47	364	303	36	30	60. 0	24. 0
	300	7. 20	16. 39	12. 29	51. 43	441	374	42	31	66. 0	26. 4
	400	7. 60	17. 48	13. 11	54. 86	465	396	44	32	67. 0	26. 8
	500	8. 00	18. 64	13. 98	58. 50	489	418	46	33	68. 0	27. 2
	600	8. 40	19. 88	14. 91	62. 39	512	439	48	34	69. 0	27. 6
	700	8. 90	21. 23	15. 92	66. 61	535	459	50	35	70. 0	28. 0
	800	9. 40	22. 67	17. 00	71. 13	557	480	52	36	71. 0	28. 4
	900	9. 90	24. 24	18. 18	76. 07	580	501	54	37	72. 0	28. 8
	1 000	10. 50	25. 93	19. 45	81. 38	599	518	56	38	73. 0	29. 2

2.2.2 产奶期母牛营养需要

奶牛的产奶期主要是指奶牛自分娩后开始产奶到干奶为止，这一时间段为奶牛的一个完整的泌乳周期，一般分为泌乳早期（也称围产后期）、泌乳盛期、泌乳中期和泌乳后期（图 2-1）。泌乳初期时，奶牛需经历分娩、开始泌乳等重要的生理和代谢变化，加之母牛刚刚产完犊，体质下降，抗病能力较弱，致使许多疾病（如酮病、乳房炎及产后瘫痪等），也容易由于饲养管理不当而侵袭母牛机体。泌乳盛期是整个泌乳期中产奶量最高的阶段。因此，此阶段饲养管理的好坏直接关系到整个泌乳期产奶量的高低。从泌乳中期开始，产奶量逐步平稳，也称为泌乳平稳期。此时，泌乳盛期刚过，但干物质采食量开始慢慢进入泌乳中期，使得采食量高于产奶及维持的需要，体内能量处于正平衡，奶牛体重逐渐恢复。泌乳后期时产奶量较少，此阶段更应该注重饲料的配合及适口性。同时，应按照一定的饲养标准合理地供给奶牛所需的营养物质，从而到达低成本高产奶的目的。我国于 2004 年出版的第二版《奶牛营养需要》可作为配制该阶段饲料的依据。

图 2-1 奶牛典型泌乳周期示意图

成年母牛维持的营养需要见表 2-3。

表 2-3 成年母牛维持的营养需要

体重/kg	日粮干物质/kg	奶牛能量单位 NND	产奶净能/Mcal	产奶净能/MJ	可消化粗蛋白质/g	小肠可消化蛋白质/g	钙/g	磷/g	胡萝卜素/mg	维生素 A/IU
300	5.02	9.17	6.88	28.79	243	202	21	16	63	25 000
400	5.55	10.13	7.60	31.80	268	224	24	18	75	30 000
450	6.06	11.07	8.30	34.73	293	244	27	20	85	34 000
500	6.56	11.97	8.98	37.57	317	264	30	22	95	38 000
550	7.04	12.88	9.65	40.38	341	284	33	25	105	42 000
600	7.52	13.73	10.30	43.1	364	303	36	27	115	46 000

（续表）

体重/kg	日粮干物质/kg	奶牛能量单位NND	产奶净能/Mcal	产奶净能/MJ	可消化粗蛋白质/g	小肠可消化蛋白质/g	钙/g	磷/g	胡萝卜素/mg	维生素A/IU
650	7.98	14.59	10.94	45.77	386	322	39	30	123	49 000
700	8.44	15.43	11.57	48.41	408	340	42	32	133	53 000
750	8.89	16.24	12.18	50.96	430	358	45	34	143	57 000

注：1. 对第一个泌乳期的维持需要在表 2-3 的基础上增加 20%，第二个泌乳期增加 10%。

2. 如第一个泌乳期的年龄和体重过小，应按生长牛的需要计算实际增重的营养需要。

3. 放牧运动时，须在表 2-3 基础上增加能量需要量，如表 2-4 所示。

4. 在环境温度低的情况下，维持能量消耗增加，须在表 2-3 基础上增加需要量，维持需要在 18 ℃基础上，平均每下降 1 ℃产热增加 2.5 kJ（$kgW^{0.75}$ · 24 h），维持需要在 5 ℃为 $389W^{0.75}$，0 ℃时为 $402W^{0.75}$，－5 ℃时为 $414W^{0.75}$，－10 ℃时为 $427W^{0.75}$，－15 ℃时为 $439W^{0.75}$。

5. 泌乳期间，每增重 1 kg 体重需增加 8 NND 和 325 g 可消化粗蛋白质；每减重 1 kg 需扣除 6.56 NND 和 250 g 可消化粗蛋白质。

表 2-4　放牧运动的维持能量需要

行走距离/km	维持级量需要	
	1 m/s	1.5 m/s
1	$364W^{0.75}$	$368W^{0.75}$
2	$372W^{0.75}$	$377W^{0.75}$
3	$381W^{0.75}$	$385W^{0.75}$
4	$393W^{0.75}$	$398W^{0.75}$
5	$406W^{0.75}$	$418W^{0.75}$

每产 1 kg 奶的营养需要见表 2-5。

表 2-5　每产 1 kg 奶的营养需要

乳脂率/%	日粮干物质/kg	奶牛能量单位NND	产奶净能/Mcal	产奶净能/MJ	可消化粗蛋白质/g	小肠可消化蛋白质/g	钙/g	磷/g	胡萝卜素/mg	维生素A/IU
2.5	0.31~0.35	0.80	0.60	2.51	49	42	3.6	2.4	1.05	420
3.0	0.34~0.38	0.87	0.65	2.72	51	44	3.9	2.6	1.13	452
3.5	0.37~0.41	0.93	0.70	2.93	53	46	4.2	2.8	1.22	486
4.0	0.40~0.45	1.00	0.75	3.14	55	47	4.5	3.0	1.26	502
4.5	0.43~0.49	1.06	0.80	3.35	57	49	4.8	3.2	1.39	556
5.0	0.46~0.52	1.13	0.84	3.52	59	51	5.1	3.4	1.46	584
5.5	0.49~0.55	1.19	0.89	3.72	61	53	5.4	3.6	1.55	619

母牛妊娠最后 4 个月的营养需要见表 2-6。

表 2-6　母牛妊娠最后 4 个月的营养需要

体重/kg	怀孕月份	日粮干物质/kg	奶牛能量单位 NND	产奶净能/Mcal	产奶净能/MJ	可消化粗蛋白质/g	小肠可消化蛋白质/g	钙/g	磷/g	胡萝卜素/mg	维生素 A/kIU
350	6	5.78	10.51	7.88	32.97	293	245	27	18	67	27
	7	6.28	11.44	8.58	35.90	327	275	31	20		
	8	7.23	13.17	9.88	41.34	375	317	37	22		
	9	8.70	15.84	11.84	49.54	437	370	45	25		
400	6	6.30	11.47	8.60	35.99	318	267	30	20	76	30
	7	6.81	12.40	9.30	38.92	352	297	34	22		
	8	7.76	14.13	10.60	44.36	400	339	40	24		
	9	9.22	16.80	12.60	52.72	462	392	48	27		
450	6	6.81	12.40	9.30	38.92	343	287	33	22	86	34
	7	7.32	13.33	10.00	41.84	377	317	37	24		
	8	8.27	15.07	11.30	47.28	425	359	43	26		
	9	9.73	17.73	13.30	55.65	487	412	51	29		
500	6	7.31	13.32	9.99	41.80	367	307	36	25	95	38
	7	7.82	14.25	10.69	44.73	401	337	40	27		
	8	8.78	15.99	11.99	50.17	449	379	46	29		
	9	10.24	18.65	13.99	58.54	511	432	54	32		
550	6	7.8	14.20	10.65	44.56	391	327	39	27	105	42
	7	8.31	15.13	11.35	47.49	425	357	43	29		
	8	9.26	16.87	12.65	52.93	473	399	49	31		
	9	10.72	19.53	14.65	61.30	535	452	57	34		
600	6	8.27	15.07	11.3	47.28	414	346	42	29	114	46
	7	8.78	16.00	12.0	50.21	448	376	46	31		
	8	9.73	17.73	13.3	55.65	496	418	52	33		
	9	11.2	20.40	15.3	64.02	558	471	60	36		
650	6	8.74	15.92	11.94	49.96	436	365	45	31	124	50
	7	9.25	16.85	12.64	52.89	470	395	49	33		
	8	10.21	18.59	13.94	58.33	518	437	55	35		
	9	11.67	21.25	15.94	66.70	580	490	63	38		

（续表）

体重/kg	怀孕月份	日粮干物质/kg	奶牛能量单位NND	产奶净能/Mcal	产奶净能/MJ	可消化粗蛋白质/g	小肠可消化蛋白质/g	钙/g	磷/g	胡萝卜素/mg	维生素A/kIU
700	6	9.22	16.76	12.57	52.60	458	383	48	34	133	53
	7	9.71	17.69	13.27	55.53	492	413	52	36		
	8	10.67	19.43	14.57	60.97	540	455	58	38		
	9	12.13	22.09	16.57	69.33	602	508	66	41		
750	6	9.65	17.57	13.13	55.15	480	401	51	36	143	57
	7	10.16	18.51	13.88	58.08	514	431	55	38		
	8	11.11	20.24	15.18	63.52	562	473	61	40		
	9	12.58	22.91	17.18	71.89	624	526	69	43		

注：1. 怀孕牛干奶期间按表2-6计算营养需要。

2. 怀孕期间如未干奶，除按表2-6计算营养需要外，还应增加产奶的营养需要。

2.2.3 干奶期和围产期母牛营养需要

2.2.3.1 干奶期

干奶期是指泌乳母牛在产犊前有一段停止产奶的时间，其目的是让母牛恢复体重，保证胎儿正常生长，使乳腺细胞获得充分的休息及再生，否则会导致下一泌乳期减产。一般情况下，干奶期为45~75 d，平均为60 d，也会因奶牛个体差异而时间不同。干奶期过短或干奶期饲养不当均会使下一泌乳期产奶量受到不同程度的影响；相反，延长干奶期会导致饲料及管理成本增加。干奶期一般分为两个阶段，分别为干奶前期及干奶后期。干奶前期是乳腺中乳生长停止期，此阶段乳腺活动完全停止，乳房恢复松软正常状态。干奶后期又称为初乳发生期，此阶段是怀孕母牛完成干奶期主要任务的关键时期。初乳发生在临产前3周左右启动，这一阶段最显著的特征为乳腺上皮细胞迅速分化，蛋白质、脂肪与碳水化合物的合成与分泌增加，从血浆中蓄积免疫球蛋白。初乳启动的时间取决于待产母牛内分泌激素变化时间。在整个干奶期内，乳腺内分泌细胞更新为下一次泌乳作准备。

干奶期是母牛机体蓄积营养物质的时期，此期间只需供给妊娠的维持需要，使干乳母牛在此期间取得良好的体况，一般来说，干奶期母牛的体况评分（BCS）应为3.25~3.75分，理想状态下产犊时的体况评分不应有较大的变化，如果干奶期母牛体况不佳时，允许体况评分稍有增加，但不要超过0.5分，增加0.5分会对下一个泌乳期产生影响。要控制精饲料量，防止过肥。研究证实，泌乳期奶牛的饲料利用率比干乳期高，因此改善奶牛体况应该在泌乳期进行，而不要采用在干奶期多喂精饲料的方法。这对下期产奶量影响很大，如果在此期间饲喂合理，就可以在下个泌乳期达到较高的产乳量和较大的采食量。

近年来，乳牛代谢疾病猛增，产犊前后容易出现乳房炎、酮病、产褥热、肥胖母牛综合征和真胃移位等病症。这些都与干奶期饲喂能量饲料过多和粗饲料不足有关。因此，日粮中应限制精饲料量，同时要增加粗饲料（优质干草）、低水分青贮料喂量，这对于体况极好的停奶母牛尤为重要。干奶期饲养不宜增加采食量，只应在泌乳期适当加喂，以便泌乳期结束时使牛有较好的体况进入干奶期。在干奶期仅喂妊娠维持日粮，不宜采食过多能量、粗蛋白质和矿物质。对于体况不良的高产牛，要进行较丰富的饲养，提高营养水平，使母牛在产前具有中上等体况，即体重比泌乳盛期一般要提高 10%~15%。牛具有这样的体况，才能保证正常分娩和在下次泌乳期获得高产奶量。干乳后 7~10 d，乳房内残留乳汁已经吸收，到乳房干瘪时就可以逐渐增加精饲料及多汁饲料，5~7 d 内达到妊娠干奶牛的饲养标准。干奶期只有投入，没有产出，通常饲养管理比较粗放。特别是一些集体或个体牛场，容易忽视这段时间的科学饲养管理，从而影响下一个泌乳期的产奶量，造成许多不应有的损失。此期间，泌乳牛已进入怀孕后期，胎儿生长发育迅速，需要较多的营养，同时，泌乳牛进入休养生息时期，急需弥补整个产奶期间的营养亏损，使泌乳细胞得到充分休息和调整，为下一个泌乳高峰期作好准备。所以，干奶期的奶牛更应该进行科学的饲养管理，才能产出健壮的牛犊，获得较高的经济效益。

2.2.3.2　围产期

围产期是指母牛分娩及其前后一定时期，一般是指母牛临产前 2~3 周（围产前期）和产后 2~3 周（围产后期）的一段时间。在围产期，母牛要经历干奶、分娩、泌乳等生理过程，母牛的营养和生理状况都会发生很大变化，这一时期的管理，对母牛生产效益有直接的影响。如果能平安度过这一时期，母牛生产的经济效益就有了保证，如果这一时期管理疏忽，将造成分娩前后代谢障碍，繁殖能力下降，发病增加，治疗成本上升，而且对母牛整个泌乳期的生产、繁殖、健康都将造成不可挽回的不良影响。此时母牛体内胎儿已基本发育成熟，但还不完全，而且胎儿体积增长很快。这期间营养水平直接关系到胎儿的体质。因此，在这段时间，一方面要给予较高的营养水平，保证胎儿的正常发育；另一方面营养水平又不能过高，以免胎儿和母牛过肥，否则可能使母牛发生难产、代谢病和某些传染病。另外，为了使母牛能在新的泌乳期内充分发挥泌乳潜力，促进产奶高峰期的早日到来，就要确保母牛能在产后很快地大量进食饲料干物质，特别是精饲料。所以，围产前期的饲养要使母牛瘤胃逐渐建立起适应消化大量饲料的微生物区系和内环境，而且必须给予适当高水平的营养。

围产期奶牛的营养供给具有其特殊性，在饲养过程中应注意以下 4 点。

1）蛋白质和氨基酸营养

按粗蛋白质计算营养需要不够科学，应计算代谢蛋白质，即主要的微生物蛋白质和过瘤胃蛋白质的总和，这一点非常重要。平均每天应饲喂代谢蛋白质 1 100~1 200 g。

关于氨基酸营养，也不能使用粗蛋白质的数据，应满足代谢蛋白质的要求量。其中蛋氨酸应占代谢蛋白质的 2.1%~2.3%，赖氨酸占 6.8%~7.3%。

2）合适的钙代谢

干奶牛的日粮应保持低钾、低钠、高镁。产前 2 周日粮钙降至 0.2%，但产后须及时提高到0.6%。这时，粗饲料是重要的因素，最好的方法是选择低钾的饲料，这一方法几乎在所有条件下都是非常有效的。另外，使用矿物盐，调整日粮的阴阳离子平衡，控制尿液pH值在6~7。

3）合适的葡萄糖代谢

确保糖前体（主要是丙酸）的充足供给。因为分娩后精饲料喂量增加，瘤胃内丙酸生成增多，所以从分娩前开始逐渐增加日粮的精饲料比例，调节瘤胃对精饲料的适应性是非常重要的。

4）体脂肪的动员

调节围产期奶牛脂肪代谢，使游离脂肪酸流入肝脏的量减少，这是一个重要的策略。方法主要是提高干物质采食量，强制投给丙二醇，对过于肥胖的牛每天添加维生素B_3 12 g。

围产期对母牛的饲养管理应特别注意要防止母牛产前过于肥胖，减少围产期疾病，尽量减轻应激，并保证全部营养素的摄取量。理想的管理应该把围产期分为围产前期和围产后期两个阶段。

大约50%母牛在围产期出现异常。淘汰牛的25%发生在分娩后60 d之内，其淘汰原因大多数是围产期饲养管理不当。奶牛饲养者应根据牧场的记录，调查、分析分娩后60 d之内被淘汰牛的比例，根据这一比例，就可以了解本场饲养管理的情况。

围产期母牛应尽量分群管理，如果条件允许，在产前2周开始至产后10 d，这期间实施母牛单独饲养，对于围产期母牛顺利度过这生命的关键时期意义重大。

干奶期及围产期奶牛营养标准参照《奶牛饲养标准》（NY/T 34—2004）。

第三章　奶牛繁殖技术

3.1　常用繁殖技术介绍

3.1.1　同期发情

同期发情是把在自然情况下分散发情排卵的一群母牛，经过人为地药物处理，控制和改变它们的发情过程，使之在预定的时间内集中发情、排卵，以便有计划地、合理地组织人工授精和胚胎移植工作。

3.1.1.1　同期发情的意义

（1）采用同期发情技术可以使母牛集中发情、集中配种，从而更有效地推广冷冻精液配种技术。

（2）由于实现了发情同期化，一群母牛的发情、排卵、配种、妊娠和分娩时间则会大体一致，这样既便于饲养管理，又可科学地组织生产，可以根据市场需要而有计划地提供成批、规格一致的产品。

（3）采用同期发情技术，可使“安静发情”的牛发情明显化，也可使长期不发情的牛发情。这是由于在同期发情处理中使用的外源性激素改变了内源性生殖激素的水平，促使了这些牛的发情，这样就可提高母牛的受配率，从而提高整个牛群的繁殖率。

（4）应用同期发情技术可得到成批的同龄母牛，从而加快乳用公牛后裔鉴定的速度，确保鉴定效果。

（5）对供体母牛、受体母牛发情进行同期化处理是胚胎移植的一个重要环节。

（6）在生产奶牛群，同期发情可使日粮配合简化，便于管理，但也会造成牛群全年产奶不均衡，设施设备利用不经济。

3.1.1.2　同期发情的机理

母牛的发情周期受下丘脑—垂体—卵巢性腺轴激素的控制。发情周期实际上可以分为卵泡期（发情期）和黄体期（间情期）两个阶段。黄体期血液中的孕酮含量高，可抑制母牛发情，而血中孕酮含量的下降则是卵泡期到来的前提。因此，如能控制血液中孕酮的含量，就可以控制母牛的发情，如果能使一群母牛同时发生这种变化，即可引起它们的同期发情（图3-1）。

根据这一原理，同期发情主要有两种途径。一是孕激素处理法，即同时给予一群母牛一定剂量的外源孕激素，使其在母牛体内保持一定水平，当经过一段时间后，同时除去外源孕激素，体内孕激素的水平便下降，垂体摆脱了孕激素的控制便开始分泌促性腺

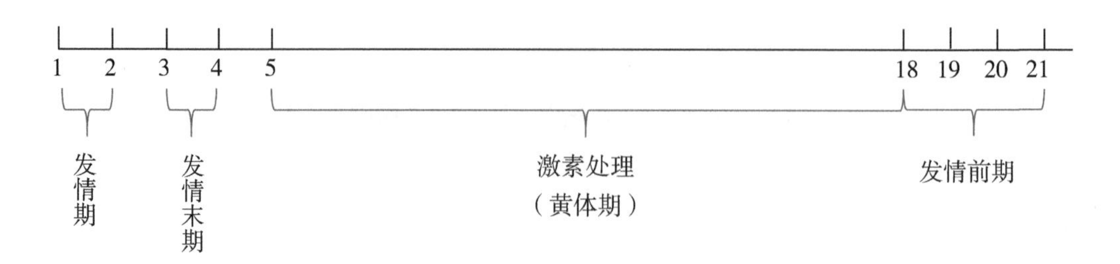

图 3-1 同期发情处理程序

激素，卵泡开始发育，从而达到同期发情的目的。二是前列腺素处理法，由于前列腺素 $F_{2\alpha}$（$PGF_{2\alpha}$）及其类似物具有溶解黄体的作用，因此，在适宜时间（卵巢上有黄体存在）用药后，黄体发生退化，降低了血中孕酮的含量，从而使垂体失去了孕酮的控制开始分泌促性腺激素，促使卵泡发育，引起发情。

3.1.1.3 同期发情的药物

（1）抑制发情的药物：即孕激素类，常用的有孕酮（P）、炔诺酮、氟孕酮（FGA）、甲孕酮（MAP）、氯地孕酮（CAP）、18-甲基炔诺酮、16-次甲基甲地孕酮（MGA）等，其中，人工合成孕激素的效能比孕酮大许多倍，所以在用药时要考虑药物的种类，采用适当的剂量。

（2）溶解黄体的 PGF 及其类似物：常用的有 15-甲基 PGF、13-去氢 PGF、氟前列烯醇、PGF 甲酯等。

（3）促进卵泡发育和排卵的药物：采用孕激素和前列腺素处理时，为了促进卵泡发育和排卵的一致性，可注射一定剂量的促卵泡素（FSH）、促黄体素（LH）、孕马血清促性腺激素（PMSG）、人绒毛膜促性腺激素（HCG）及促性腺激素释放激素（GnRH）等。

3.1.1.4 同期发情的处理方法

孕激素阴道栓塞法：用海绵吸附孕激素制剂，然后放置于子宫颈阴道部。海绵块直径为 10 cm、厚 2 cm，用药量为 18-甲基炔诺酮 50~100 mg，为使卵泡发育和排卵整齐一致，可在用药的最后一天注射 PMSG 1 000 IU。

现在生产中广泛采用国外商品化生产的阴道栓剂，一般有两种。一种是孕激素阴道装置，其中间为硬塑料弹簧片，弹簧片外包被着发泡的硅橡胶，硅橡胶的微孔中有孕激素，栓的前端有一速溶胶囊，内含孕激素与雌激素的混合物，后端系有尼龙绳。使用时，用特制的放置器将阴道栓放入阴道内，先将阴道栓收小，放入放置器内，将放置器推入阴道内顶出阴道栓，退出放置器。另一种是原产于新西兰的内控药物释放装置，呈“Y”形，内有塑料弹性架，外附硅橡胶，两侧有装药小孔，尾端有尼龙绳，由特制的放置器将阴道栓放入阴道，首先将阴道栓收小，放入装置器内，将放置器推入子宫颈口周围，推出阴道栓。处理结束时，拉动尼龙绳将阴道栓取出。大多数母牛可在去栓后第 2~4 天发情。

3.1.2　胚胎移植

将良种母牛的早期胚胎取出，或者是通过体外受精及其他方式获得的胚胎，移植给另外一头或数头生理状态相同的母牛体内，使之继续发育成新个体，就叫胚胎移植。通俗地说就是“借腹怀胎”。提供胚胎的母牛称为供体，接受胚胎的母牛称为受体。

3.1.2.1　胚胎移植在养牛业的意义

母牛有很大的繁殖潜力，2~3 月龄的小母牛，其一侧的卵巢内就有 5 万~7.5 万个原始卵泡。但是，在自然发情配种情况下，一头母牛一生中最多只能排出几十个卵子。胚胎移植技术可以让优良的母牛只排卵，不用负担妊娠和哺乳任务，做到一年多次排卵；同时，通过超数排卵处理，使母牛每次发情都有更多的卵子排出，目前的超排水平为每次可得到可移胚胎 7~8 枚。因此，如果采用了胚胎移植技术，就可以充分发挥优良母牛的繁殖潜力，从母牛方面加速品种改良；代替活牛引进，防止引进活牛而带来的疾病传染；同时，可以用于纯种牛群和地方牛种的品种资源保护。

3.1.2.2　胚胎移植技术程序

胚胎移植技术程序见图 3-2。

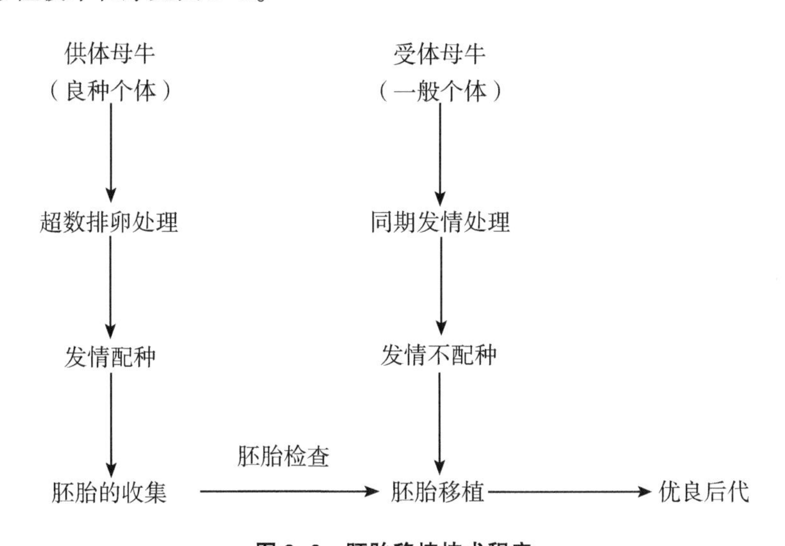

图 3-2　胚胎移植技术程序

（1）供体母牛的选择。好的供体母牛生产性能高，且能稳定遗传。例如，奶牛就要选择产奶量高、乳脂率高、乳蛋白含量高；繁殖能力表现好，即生殖周期正常，发情征状明显；无卵巢囊肿、子宫内膜炎、难产产后瘫痪及产后胎衣不下等繁殖疾病；营养良好，体质健壮，健康无病的母牛作为供体。

（2）受体母牛的选择。受体母牛可选用非优良品种的个体，只要具有良好的繁殖性能和健康状态，体型中上等即可。当母牛群体数量比较大时，可以选择自然发情与供体发情时间相同或相近的母牛，一般两者发情时间前后相差不宜超过 24 h。由于在一般情况下往往不易找到足够合适的母牛作为受体，所以大都需要对供体和受体进行同期发情处理。为了提高胚胎移植的成功率，必须对受体母牛的繁殖机能进行正确评价，最有效的方法仍然是直肠检查，可以直接触摸卵巢、子宫等生殖器官。

（3）供体牛的超数排卵处理有两种方法。

①PMSG 注射法：在发情周期的第 16 天一次肌内注射 PMSG 2 000~3 000 IU，第 19 天、第 20 天各注射 2~3 mg 雌二醇，出现发情后静脉注射 HCG 2 000 U。由于 PMSG 分子量较大，在体内半衰期长，而且容易使母牛体内产生抗体，所以不少人在使用 PMSG 后 2~3 d 再注射超排处理 PMSG 抗体（nt-PMSG），以提高 PMSG 的使用效果。

②FSH 注射法：FSH 总量 10~15 mg，连续 3.5~4 d，间隔 12 h 递减给药，超排处理 72 h 后静脉注射 LH 100~200 IU 或 HCG 1 000~2 000 IU。

观察到供体母牛发情后，按常规方法输精，间隔 12 h 再输精一次。如一次输精，要在母牛出现静立反射后 12 h 进行。输精剂量为冻精 2 份剂量，鲜精 1.0×10^7~5.0×10^7 个活精子。总之，用于人工授精的冷冻精液一定要保证质量，必须符合牛冷冻精液国家标准。与配的公牛应认真进行选择，要尽量选择遗传品质优秀、繁殖力高、精液品质好的冷冻精液进行输精。

（4）受体牛的同期发情处理同 3.1.1.4 同期发情的处理方法所述。

（5）胚胎的收集。1976 年以前采用的是外科手术法采卵，腹中线手术时需要全身麻醉，操作烦琐。体侧部手术需要站立保定，局部麻醉，虽然操作较简便，但有些牛无法冲卵，加之手术冲卵法常常造成手术粘连且操作烦琐，20 世纪 70 代初开始集中研究非手术冲卵法，1976 年以后广泛采用非手术法冲卵，这种方法尤其适于牧场操作。

（6）胚胎检查。从母牛生殖道冲出的冲胚液要保持在 37 ℃，而后在 20~30 ℃的无菌操作室内进行操作。胚胎检查的方法有两种。

①沉降法：将带有胚胎的冲胚液接收于容器内，静止 20~30 min，则胚胎下沉至底部，用吸管抽吸底部冲胚液，放入表面皿上，用 10~40 倍体视显微镜寻胚，并检查其发育情况。

②过滤法：让胚胎及其冲胚液通过直径 75 m 左右的滤网膜进行过滤，大部分的液体通过滤网漏出，胚胎和少量的冲胚液（30~50 mL）保留在滤杯内，用体视镜很容易就可以检出胚胎。

（7）胚胎移植注意点如下。

①胚胎的分装：解冻或刚采集的胚胎体积尚小，在移植的过程中，肉眼看不到，极容易丢失，因此，向胚胎移植细管分装胚胎时，先吸少量培养液于管一端，而后吸入一段空气，然后将含有少量培养液的胚胎吸入，随后再吸空气，最后再吸入一点培养液。即便如此，为了防止胚胎丢失，还需在细管的尖端保留一段空间。

②移植：移植胚胎的方法分手术法和非手术法两种。目前，牛的胚胎移植主要采用非手术法。方法是将胚胎装入塑料细管，将盛有胚胎的塑料细管装入胚胎移植器。受体母牛的保定、消毒和麻醉与供体母牛相同。移植者先检查受体卵巢，确定黄体位于哪一侧并记录发育状况，只有卵巢上有黄体生长，且发育良好的母牛才能作受体母牛。移植时，首先分开受体母牛阴唇，将移植器插入阴道，为防止阴道污染移植器，在移植器外面套上经消毒的塑料薄膜，当移植器前端到达子宫颈外口时，将塑料薄膜撤回，按直肠把握输精的方法使移植器通过子宫颈，当移植器通过子宫颈、子宫体到达子宫角时，将

胚胎注入。由于受体母牛大都处于发情后 6~8 d，子宫颈口封闭较紧，尤其青年受体母牛，因此通过子宫颈口移植比发情输精时困难，移植者要谨防损伤子宫颈，处女牛往往要首先使用子宫颈扩张棒进行扩张。

3.2　繁殖力指标和提高繁殖力的方法

3.2.1　繁殖力指标

繁殖力指标即为奶牛评定其繁殖力的指标，主要可分为以下 8 个指标。

3.2.1.1　第一次产犊的年龄

育成牛应于 16~19 月龄配种，22~25 月龄产犊。具体可视犊牛体况而定，在性成熟和体成熟均达成后，体况较好达到标准的犊牛可以提前配种，反之，体况未达标准的则推迟配种时间。

3.2.1.2　发情率

是指一定时期发情母牛占可繁殖母牛的百分比，反映奶牛自然发情的能力。奶牛的发情周期通常为 18~24 d，若奶牛发情后配种未受胎，则在 21 d 后再次配种，其还未受胎，则代表奶牛的自然发情能力异常或发情周期异常。

3.2.1.3　输精次数

一般一次受胎的输精次数为 1.5 次，若屡配不孕，则代表奶牛的受胎能力弱，要及时查找原因。

3.2.1.4　产后第一次配种时间

80%~90%的奶牛产犊后 60 d 即开始发情配种，如果没有子宫感染、产道拉伤等情况，65 d 的时间足够子宫恢复到配种受胎的理想水平。产后第一次配种的间隔天数反映了奶牛产后身体和生殖系统的恢复状况。

3.2.1.5　产犊间隔

指两次产犊所间隔的天数或平均天数，是个体和群体奶牛繁殖力水平最准确的评定指标，在科学理想的情况下，产犊间隔越短，其投入的成本则越低，一般情况下，理想的产犊间隔应为 12~13 个月。

3.2.1.6　空怀天数

奶牛正常的空怀天数应为 60~80 d，若空怀的天数过多，则代表其繁殖有问题。

3.2.1.7　干奶天数

理想的干奶天数为 45~60 d，正常的奶牛干奶天数应该处于此范围内，干奶期过短或过长，都会影响下次产奶量。

3.2.1.8　繁殖率

指一定时间范围内断奶成活的犊牛数占全群适繁母牛数的百分率。繁殖率=受配率×受胎率×分娩率×犊牛成活率。

3.2.2 提高繁殖力的方法

3.2.2.1 培育优良品种

在养殖生产中，繁殖力性状受遗传性的影响很大，因此选择繁殖力优良的品种或者个体作为种用，并及时淘汰有缺陷的种牛（染色体畸变）非常重要。选择品质优良的种公牛精液，提高其卵子受胎率，充分发挥优良品种的遗传潜力是提高繁殖力的前提。

3.2.2.2 加强饲养管理

加强对奶牛的饲养管理，牛舍内应注意通风，保持空气畅通，严格执行消毒防疫制度，防止传染病的发生。加强奶牛的锻炼，提高其免疫力，对于患有生殖道疾病的种牛要积极采取措施进行治疗。加强对奶牛的营养调控，确保营养全面，奶牛饲料中的营养水平过高或过低都会影响奶牛繁殖力，奶牛的发情、配种、妊娠、分娩前后均受营养的影响，营养水平要确保满足母牛各阶段正常的需求。

3.2.2.3 加强繁殖管理

要求工作人员做好发情鉴定、采精、储精、适时输精配种、助产等工作，规范工作人员的操作技术和流程，提高母牛的受配率，降低胚胎的死亡率，提高犊牛的成活率。还要及时诊断并治疗疾病，减少胚胎死亡和流产，对确诊为繁殖机能障碍的牛应采取有效措施，通过治疗使其恢复生殖功能。

3.2.2.4 采用繁殖新技术

目前，我国奶牛的早期妊娠诊断、超数排卵、同期发情、胚胎移植技术等已应用于生产中，并取得一定效果。进一步采用这些繁殖新技术，将对繁殖力的提高具有积极推动作用。

第四章　标准化规模牛场建设与环境控制

4.1　标准化牛场选址与布局

4.1.1　牛场场址选择

如何选择一个好的场址，需要周密考虑，统筹安排，要有长远的规划，要留有发展的余地，以适应今后养牛业发展的需要。同时必须与农牧业发展规划、农田基本建设规划以及今后修建住宅等规划结合起来，必须符合兽医卫生和环境卫生的要求，周围无传染源，无人畜地方病，适应现代化养牛业的发展趋势。

选择场址应与当地自然资源条件、气象因素、农田基本建设、交通规划、社会环境等相结合，牛场场址要远离居民点，并在水源的下游，所选牛场场址应考虑如下几点。

（1）场址区域应自然环境良好，土质应坚实，抗压性和透水性强，无污染，较理想的是砂壤土。土质符合《土壤环境质量　农用地土壤污染风险管控标准（试行）》（GB 15618—2018）要求，远离洪涝等自然灾害威胁地段，地势高燥平整，坡度不超过20°，通风向阳，光照充足，交通便利。

（2）场址应远离学校、公共场所或其他畜牧场等敏感区域，不受外部污染源影响，符合防疫和环保要求。

（3）场址区域水源应充足，满足生产生活需求，供水能力可按每头存栏奶牛每日供水300~500 L设计，水质应符合《生活饮用水卫生标准》（GB 5749—2022）的规定。

（4）场址面积应满足生产需求。建筑面积按每头成母牛28~33 m^2，总占地面积为总建筑面积的3.5~4倍。

（5）场址应与周边区域环境、市场供应、生产及经济发展程度相协调匹配。

4.1.2　牛场场区布局

牛场布局，应因地制宜，同时需满足牛的生理特点需要，为生产提供便利，以提高工作效率、经久耐用、便于饲养管理为原则。各建筑物要统筹规划，合理安排。场区应设管理区、辅助区、生产区、粪尿污水处理区及病牛隔离区。

管理区应处于整个生产区域的上风侧、高燥处。各区之间应界限分明，联系方便并设置硬质隔离带。生活与办公区要与生产区分隔开，应位于生产区的上风。场地建筑配置应整齐、美观。要规划好下水道位置，设计好道路，并植树绿化。为了方便饲料的取用，饲料库应靠近牛舍，同时要方便运输。为防止疾病的传染，病牛隔离区应建在距牛舍 150 m 以外的下风口处。

(1) 管理区：作为全场的核心调度部门，起到指挥全场安全生产，保持对外联系等的作用。

(2) 辅助区：主要包括全场饲料调制、储存、加工、设备维修等部门，其可设在管理区与生产区之间，面积根据实际需求决定。但也要注意集中建设，节约水电线路管道，缩短饲草、饲料运输距离，便于科学管理。粗饲料库设在生产区下风口地势较高处，并与其他建筑物保持防火距离。兼顾由场外运入，再运到牛舍两个环节。饲料库、干草棚、加工车间和青贮池，离牛舍要近一些，便于车辆运送饲草、饲料，减小劳动强度。但要防止牛舍和运动场的污水渗入而污染饲草、饲料。

(3) 生产区：是牛场的核心，应设在场区的较下风位置，需控制场外人员及车辆不能直接进入生产区，要做到最安全、最安静。大门口设立门卫室、消毒室、更衣室和车辆消毒池，严禁非生产人员出入场内，出入人员和车辆必须经消毒室或车辆消毒池进行严格消毒。生产区牛舍要合理布局，分阶段分群饲养，奶牛按泌乳牛群、干乳牛群、产房、犊牛舍、育成前期牛舍、育成后期牛舍顺序排列，各牛舍之间要保持适当距离，布局整齐，以便防疫和防火，奶牛场的挤奶厅或管道挤奶附属设备用房要紧靠泌乳牛群。

(4) 粪尿污水处理区：应设在生产区的下风处，远离牛舍，防止污水粪尿废弃物蔓延污染圈舍环境。

(5) 病牛隔离区：病牛隔离区必须远离生产区，尸坑和焚尸炉距畜舍 500 m 以上。应便于隔离与消毒，单独通道，尽量减少与外界接触，便于污物处理等。病牛管理区要四周砌围墙，设小门出入，出入口建消毒池、专用粪尿池，严格控制病牛与外界接触，以免病原体扩散。

4.1.3 牛舍建筑物布局

牛场建筑物布局要使各建筑物在功能关系上建立最佳联系；在保证卫生防疫、防火、采光、通风前提下，应尽量缩短供电、供水、饲料运送、挤奶奶牛行走路线；功能相同的建筑物应尽量靠近集中。

牛舍应平行整齐排列，两墙端之间距离应大于 15 m。在考虑便于给料给草、运牛运奶和运粪，以及适应机械化操作要求的前提下，配置牛舍及其他房舍。

数栋牛舍排列时，应根据饲养头数所占运动场实际面积大小来确定每栋牛舍间的前后距离。如成年奶牛每头不少于 20 m^2；青年牛和育成牛不少于 15 m^2；犊牛不少于 10 m^2。

车库、料库、饲料加工车间应设在场门两侧，方便出入。

奶库应靠近成年奶牛舍或挤奶厅。

兽医室、病牛舍建于其他建筑物的下风向。

人工授精室设在牛场一侧，靠近成年奶牛舍，为工作联系方便不应与兽医室距离太远，人工授精室要有单独的入口。

各类建筑物配置要遵守卫生及防火要求：宿舍距离牛舍应在 50 m 以上；牛舍之间

应相隔 60 m（不可少于 30 m）。

4.1.4　牛舍布局

（1）牛舍建筑应根据生产需求、自然及经济条件，因地制宜采用开放式、半开放式或封闭式牛舍（图 4-1、图 4-2）。

（2）牛舍应坐北朝南，南北向偏东或偏西不超过 30°。

（3）牛舍应坚固耐用，宽敞明亮，给排水、通风良好。应根据地理位置和气候条件增设防暑降温或防寒设施。

（4）舍内通道应方便人员及料车通行，便于饲喂。

（5）牛床地面应结实、防滑、易于冲刷，向粪沟倾斜。可采用水泥地面并铺褥草或铺橡胶垫。牛床排列方式，小型奶牛场可采用单列式，大、中型奶牛场以双列式为主，或采用多列式。

（6）拴系式牛床附有活动铁链拴系设施，尺寸参数参照表 4-1。

图 4-1　封闭式牛舍

图 4-2　半开放式牛舍

表 4-1 拴系式牛床尺寸参数 单位：m

牛的类型	长度	宽度
成年母牛	1.7~1.9	1.1~1.2
围产母牛	1.8~2.0	1.2~1.3
青年母牛	1.5~1.6	1.1~1.2

（7）散栏式牛床尺寸参数参照表 4-2。

表 4-2 散栏式牛床尺寸参数 单位：m

牛的类型	长度	宽度
成年母牛	2.2~2.5	1.1~1.2
青年母牛	1.6~1.8	1.1~1.2

（8）饲槽内表面应光滑、耐酸碱、耐用，可用地砖、水磨石或钢砖建造，饲槽底部为圆弧形，其尺寸参数参照表 4-3。

表 4-3 奶牛饲槽尺寸参数 单位：cm

牛的类型	槽上部内宽	槽底部内宽	近牛测沿高	远牛测沿高
成年母牛	65~75	40~50	25~30	55~65
青年母牛和育成牛	50~60	30~40	25~30	45~55
犊牛	30~35	25~30	20~25	30~35

（9）为了防止牛只互相侵占床位和便于挤奶及其他管理工作，在牛床上设有隔栏（图 4-3），通常用弯曲的钢管制成。隔栏前端与墙或支架连在一起，后端固定在牛床的 2/3 处，栏杆高 80 cm，由前向后倾斜。

图 4-3 隔栏

（10）粪尿沟通常为明沟，沟宽为 30～35 cm，沟深为 5～15 cm，沟底向下水道方倾斜。也可采用深沟，上面加盖漏缝盖板。散放式牛舍一般不设粪尿沟，牛走道的粪便多用机械化或半机械化清理。现代化奶牛场多安装刮板式自动清粪装置，刮粪板（图 4-4、图 4-5）在牛舍往返运动，可将牛粪直接送出牛舍，并撤入贮粪池中或堆肥。

图 4-4　刮粪板

图 4-5　刮粪板

（11）奶牛饲喂通道（图 4-6）宽度为 1. 2～1. 4 m，中间通道宽度为 1. 6～1. 8 m。

图 4-6　奶牛饲喂通道

（12）牛舍围护结构应能防止雨雪侵入，保温隔热，牛舍内表面应使用耐酸碱等消毒药液清洗消毒。

（13）运动场四周应设有围栏，高 100～150 cm。运动场地面以砂质或立砖为宜，向四周有一定坡度，便于排水。其面积可参照：成母牛 15～20 m^2/头，育成牛 10～15 m^2/头，犊牛 5～10 m^2/头。

（14）根据牛群规模、资金条件、经济效益等因素综合考虑选择使用不同形式的挤乳机械。

4.1.5 奶牛场牛舍外配套设施

奶牛场牛舍外配套设施主要包括运动场、围栏与凉棚、青贮窖与草垛、饲料库与饲料加工室、技术室、保健设施等。

（1）运动场：运动场是奶牛运动和休息的场地，对牛的健康极为重要。运动场大小要适当，但不能太拥挤，成年母牛以 20～25 m^2/头为宜，而育成牛为 12～18 m^2/头，犊牛为 10～15 m^2/头。运动场要平整、干燥，且有一定坡度（呈馒头形），四周有排水沟。运动场内设补饲槽、矿物质添加剂槽、饮水池。饲槽、饮水池周围应铺设 2～3 m 宽的水泥地面，并且向外要有一定坡度。奶牛运动场如图 4-7 所示。

图 4-7 奶牛运动场

运动场地面结构有水泥地面、砌砖地面、石板地面、土质地面、三合土地面和半土半水泥地面等数种，各有利弊。

①水泥地面：水泥、沙子混合而成，经碾压并做成一些花纹，以防滑跌。其优点是坚固耐磨，排水通畅，便于清扫，使用年限长。缺点是地面过硬，导热性强，冬凉夏热，易造成蹄病及关节疾病。

②砌砖地面：砖块有平铺与立铺两种。其优点是砖的导热性小，具有一定的保温性能，冬季温暖，夏季较凉爽。其缺点是砖地面易被奶牛踏坏，扎伤牛蹄，引起蹄炎。

③石板地面：南方一些产石材地区以石板铺运动场，虽然经济耐用，但因石板导热性强、冬凉夏热、硬度大，易造成乳房、牛蹄等外伤，使牛易得关节炎或蹄变形，应避免采用。

④土质地面：采用黄土或沙土铺垫运动场，容易造成泥泞不堪，使牛易患乳房炎及蹄病。需要勤扫勤垫，颇费劳力。

⑤三合土地面：一般采用黄土、细炉灰（或沙子）、石灰以 5∶3∶2 混合而成。按一定的坡度要求（中间略高，四周慢坡，坡度约 2%，以利排水）铺垫实。三合土地面软硬适度、吸热散热性能好，可大大减少奶牛肢蹄病和乳房炎的发病率，是较理想的奶牛运动场地面结构。

⑥半土半水泥地面：将运动场分成两部分，一半为三合土地面（远牛舍端），一半为水泥地面（近牛舍端），中间设栅栏，将两部分隔开。下雨时牛在水泥地运动场内，将栅栏关闭，不让牛进入土地面，以免踏坏地面。晴天时两部分均可使用，让牛自由择地活动。这也是较为理想的运动场结构。

（2）围栏与凉棚：围栏设在运动场周围，围栏包括横栏与栏柱，围栏必须坚固，横杆高 1.2~1.5 m，一定距离设栏柱（如 2~3 m）。围栏门多采用钢管横鞘，即大管套小管，作横向推拉开关。有的奶牛场也可设置电围栏。可用钢管或水泥柱为栏柱，用废旧钢管将其串联起来即可。运动场还应设凉棚，每头牛需要避荫处至少 5.5 m^2。凉棚高 3~4 m，长轴线要东西朝向，以防阳光直射凉棚下地面，棚盖应有较好的隔热能力。

（3）青贮窖与草垛：青贮窖应建在牛场附近地势高燥处，地窖地面高出地下水位 2 m 以上，窖壁平滑，窖壁窖底可用水泥或石块等材料筑成，也可建成简易式即土窖，土窖窖壁窖底以无毒农用塑料薄膜做衬，每次更换。窖形上宽下窄，稍有坡度，窖底设排水沟（沟可开在中间或两旁）。窖的大小应视贮量而定，不宜过宽过大，以免开窖后青贮饲料暴露面过大而影响质量。青贮窖的四角呈圆形，一般尺寸为宽 3.5~4 m、深 2.5~3 m，长度因贮量和地形而定。根据实际使用也可做地面窖或半地下窖。青贮窖如图 4-8 所示。青贮贮量计算，一般 1 m^3 容积可贮青玉米 600~800 kg。

图 4-8　青贮窖

草垛应距离牛舍和其他建筑物 50 m 以外，而且应该设在下风向，以便于防火。

（4）饲料库与饲料加工室：饲料库要靠近饲料加工室，运输方便，车辆可以直接到达饲料库门口，加工饲料取用方便。饲料加工室应设在距牛舍 20~30 m 以外，在牛场边上靠近公路，可在围墙一侧另开一侧门，以便于饲料原料运入，又可保持牛的安静环境和防止灰尘污染。

（5）技术室：包括生产资料室、配种室和兽医室，生产资料室是一个奶牛场生产情况的“中枢”，负责生产表格设计、资料的收集、记录、分类整理和分析，配备精干懂奶牛养殖技术的管理人员及电脑软硬件设备。配种室根据规模配备人员及设备如烘箱、液氮罐等，一般位于生产区；兽医室一般与配种室毗邻，根据规模配备人员及设备。

（6）保健设施：为确保奶牛身体健康，牛场的保健设施要充足够用，特别是散放式饲养。主要保健设施包括保定架、蹄浴池、挤奶通道等。

保定架是用于日常检查的，如人工授精、妊娠诊断、疾病检查、修蹄。蹄浴池是为预防蹄病发生而专门设立的。散放式饲养，配有挤奶厅的，其蹄浴池大小要求为长 2 m、深 15 cm，设在待（候）挤区前的过道上。其药浴池的宽要同过道宽保持一致，以防有漏浴情况出现。拴系式舍可设在奶牛进出的门内或专门通道上。

挤奶通道是母牛在挤奶间集中挤奶时待挤厅与运动场或牛舍间的通道，与其他通道如饲料粪便通道尽量分开。通道是水泥地面，有条件时上面可垫厚橡胶垫。

4.2 挤奶厅的设计

挤奶厅是奶牛场采用散放式饲养和奶牛养殖小区的重要配套设备。采用厅式挤奶机有利于提高牛奶质量和劳动效率。

4.2.1 挤奶厅的形式

挤奶厅的形式比较多，分固定式和转盘式两种挤奶台；固定式又有平面畜舍式挤奶厅、列式挤奶厅、鱼骨式挤奶厅；转盘式因母牛站立的方式有串联式、鱼骨式和放射式等。

（1）平面畜舍式挤奶厅（图 4-9）：挤奶栏位的排列与牛舍相似，奶牛从挤奶厅大门进入厅内的挤奶栏里，由挤奶员套上挤奶器进行挤奶。优点是造价较低，缺点是挤奶员仍须弯腰操作，影响劳动效率。这种挤奶厅一般只适于投资少并利用现有房舍改造成挤奶厅的牛场或小型奶牛场。

（2）列式挤奶厅（图 4-10）：挤奶时，将牛赶进挤奶厅内的挤奶台上，两旁排列，在挤奶栏位中间设有挤奶员操作的地坑，列式挤奶厅棚高一般不低于 2.50 m。坑道深 0.8~1.0 m；坑宽 2.0~3.0 m；坑道长度与挤奶机栏位有关，按挤奶机设备提供厂家要求进行设计。两个以上挤奶员操作，一边挤奶，一边进行挤奶工作准备。此时，放出已挤完奶的牛，放进一批待挤母牛。挤奶员站在厅内两列挤奶台中间的地槽内，不必弯腰工作，流水作业方便，同时，识别牛只容易，乳房无遮挡。平均每个工时可挤 30~50 头牛。根据需要可安排 1×4 位至 2×24 位规格，以满足大（至 2 000头）、中、小不同规模奶牛场的需要。

（3）转盘式挤奶厅（图 4-11）：利用可转动的环形挤奶台进行挤奶流水作业。其

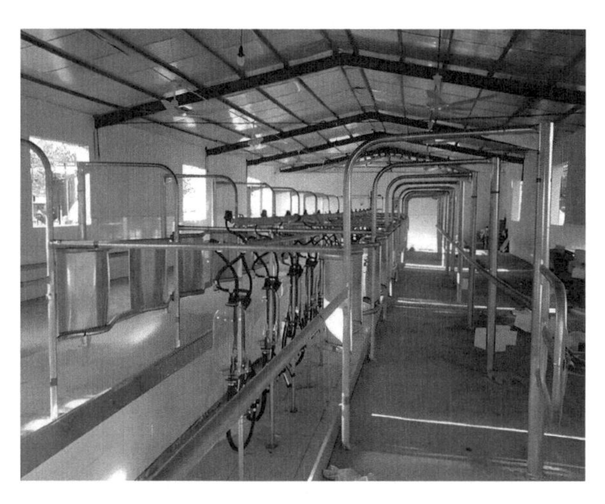

图 4-9　平面畜舍式挤奶厅

图 4-10　列式挤奶厅

图 4-11　转盘式挤奶厅

优点是奶牛可连续进入挤奶厅，挤奶员在入口处冲洗乳房、套奶杯，不必来回走动，操作方便，转到出口处已挤完奶，劳动效率高，适于较大规模奶牛场。目前主要有鱼骨式转盘挤奶厅和串联式转盘挤奶厅等，但设备造价高。

4.2.2 挤奶厅的配套设备

为充分发挥挤奶厅的作用，应配备与之相适应的附属设备，如待挤区、滞留栏、附属用房等。这些设备的自动化程度应与挤奶设备的自动化程度相适应，否则将影响设备潜力的发挥，造成无形的浪费。

（1）待挤区：待挤区是将同一组挤奶的牛集中在一个区内等待挤奶，较为先进的待挤区内还配置有自动驱牛装置。待挤区常设计为方形，且宽度不大于挤奶厅，面积按每头牛 1.6 m^2设计。奶牛在待挤区停留的时间一般以不超过 0.5 h 为宜。同时，应避免在挤奶厅入口处设置死角、门、隔墙或台阶、斜坡，以免造成牛只阻塞。待挤区的地面要易清洁、防滑、浅色、环境明亮、通风良好，且有 3°~5°的坡度（由低到高至挤奶厅入口），如图 4-12 所示。

图 4-12　奶牛待挤区

（2）滞留栏：采用散放式饲养时，由于奶牛无拴系，如需进行修蹄、配种、治疗等，均须将奶牛牵至固定架或处理间，为了便于将牛只牵离牛群，多在挤奶厅出口通往奶牛舍的走道旁设滞留栏，栅门由专门人员控制。在挤奶过程中，如发现有需进行治疗或需进行配种的奶牛，则在挤完奶后放奶牛离开挤奶厅，走近滞留栏时，将栅门开放，挡住返回牛舍的走道，将奶牛导入滞留栏。目前最为先进的挤奶厅配有牛只自动分隔门，由电脑控制，在奶牛离开挤奶厅后，自动识别，及时将门转换，将奶牛导入滞留栏，进行配种、治疗等。

（3）附属用房：在挤奶厅旁通常设有机房、牛奶制冷间、更衣室、卫生间等。

4.2.3 收奶站的建设

收奶站应在奶牛相对集中的地区选址，通常在半径 5 km 的范围内奶牛饲养量不得少于 200 头。收奶站要远离村庄，水、电、交通方便，周围无污染源，地势高，排污方便。

（1）基本建筑：收奶站的面积可根据周边奶牛饲养量和日收奶量灵活掌握。如一般周边有奶牛 500 头和日收奶可达 5 t 左右的地区，可以选择一个占地 500~600 m^2的场地，房舍 200 m^2（其中值班室 10 m^2、化验室 10 m^2、贮奶间 80 m^2、挤奶设备及消毒间等 100 m^2）、挤奶厅 200~300 m^2、奶牛待挤区 100~200 m^2，全部地面要硬化，场地要防滑、不积水、便于清洗。

（2）机械设备：包括挤奶设备、直冷式奶罐（图 4-13）、奶泵、发电机组、奶车、奶仓（图 4-14）、不锈钢保温隔热奶罐、磅秤、磅槽等及其各种附件，此外还要有相应的化验设施和仪器。

图 4-13 直冷式奶罐

图 4-14 奶仓

4.3 奶牛场粪污管理技术规范

4.3.1 粪污管理基本要求

(1) 减量化：奶牛场应控制降温喷淋水和挤奶厅用水量。挤奶厅清洁、冲洗废水宜单独收集处理，作为待挤区地面冲洗水等二次利用。奶牛场应采取物理、化学、生物等方法，减少臭气排放。

(2) 无害化：奶牛场粪污应通过好氧堆肥、厌氧发酵等技术无害化处理，卫生学指标应符合《粪便无害化卫生要求》(GB 7959—2012) 的规定。

粪污无害化处理设施按照《畜禽场环境污染控制技术规范》(NY/T 1169—2006) 的有关规定建设，设在生产及生活区常年主导风向的下风或侧风向处，距离各类功能地表水体 400 m 以上。

(3) 资源化：奶牛场应根据养殖规模、粪污收集方式、粪污类型、周边环境等因素合理选择粪污处理利用工艺模式。奶牛场粪污应通过肥料化、垫料化、能源化等方式，进行资源化利用。

4.3.2 粪污收集与储存技术

(1) 奶牛场粪污应日产日清。500 头及以下规模奶牛场，宜采用干清粪工艺；500 头以上规模奶牛场，宜采用刮粪板工艺。

(2) 奶牛场应采用防渗漏集污暗沟（管）收集粪污，沟宽、沟深及暗管直径不小于 0.5 m。

(3) 奶牛场应设置粪污转运及雨污分流系统。

(4) 奶牛场应建设粪污储存设施，采取防渗、防雨、防溢、防跌落等措施，具体要求按照《畜禽养殖污水贮存设施设计要求》(GB/T 26624—2011) 和《畜禽粪便贮存设施设计要求》(GB/T 27622—2011) 的有关规定执行。

4.3.3 粪污固液分离技术

(1) 采用刮粪板工艺收集的粪污宜进行固液分离。

(2) 当粪污中含有大块的饲草残渣、奶牛毛发、污泥等物质时，宜在固液分离系统前增设格栅、沉砂池等设施设备。

(3) 高浓度粪污宜进行二级或多级固液分离。

4.3.4 粪污处理与利用技术

4.3.4.1 固体粪便处理及利用技术

1) 好氧堆肥处理

固体粪便宜采用好氧堆肥技术进行无害化处理，堆肥工艺按照《畜禽粪便堆肥技术规范》(NY/T 3442—2019) 的有关规定执行。

堆肥场地应配备防雨和排水设施，堆肥过程中产生的渗滤液应设收集池储存。

2）堆肥还田利用

固体粪便堆肥处理后继续腐熟陈化 21~28 d 可作为有机肥料还田利用。

堆肥宜作为基肥，采用撒肥机施用。具体施用方法按照《畜禽粪便还田技术规范》（GB/T 25246—2010）的有关规定执行。

3）牛床垫料回用

固体粪便堆肥处理后进一步堆积、晾晒或直接干燥，含水率降至 45%以下，外观呈茶褐色或黑褐色，无恶臭、质地松散时可作为牛床垫料回用。

作为牛床垫料使用时每周添加 1~2 次。

4.3.4.2　液体粪水处理与利用技术

1）厌氧发酵处理

厌氧发酵技术工艺主要包括全混式厌氧反应器（CSTR）、升流式固体厌氧反应器（USR）、升流式厌氧污泥床反应器（UASB）、黑膜沼气囊等。

工艺参数设计按照《规模化畜禽养殖场沼气工程设计规范》（NY/T 1222—2006）的有关规定执行。

2）好氧生物处理

应采用具有脱氨除磷功能的好氧生物处理技术工艺，包括序批式活性污泥法（SER）、氧化沟、厌氧-缺氧-好氧法（AAO）膜生物反应器（MBR）以及相应的组合工艺等。

3）氧化塘处理

氧化塘一般用于处理较低浓度粪水，宜作为末端处理单元。

氧化塘应采取防渗、防雨、防溢、防跌落等措施，宜采用二级或多级的结构设计。

4）粪水还田处理

粪水还田利用应遵循种养平衡、科学安全的原则，根据粪水养分含量、作物需肥特性、土壤肥力水平、气候环境类型等因素合理制定还田方案。

粪水可作为基肥或追肥，采用拖管、喷灌机、注入式浇灌机等施用，作为追肥宜稀释施用。具体施用方法按照《畜禽粪水还田技术规程》（NY/T 4046—2021）的有关规定执行。

4.3.4.3　粪污处理利用工艺模式

1）干清粪工艺—种养结合型模式

干清粪工艺—种养结合型模式适合采用干清粪工艺的规模奶牛场，具体流程见图 4-15。

氧化塘总有效容积应至少满足 90 d 的废水处理量。

2）刮粪板工艺—种养结合型模式

刮粪板工艺—种养结合型模式适合采用刮粪板工艺、周边农田配套充足的规模奶牛场，具体流程见图 4-16。

厌氧发酵设施总有效容积应至少满足 30 d 的粪水处理量。

氧化塘储存沼液的时间应不低于当地农作物生产用肥最大间隔时间，应达到 180 d 以上。

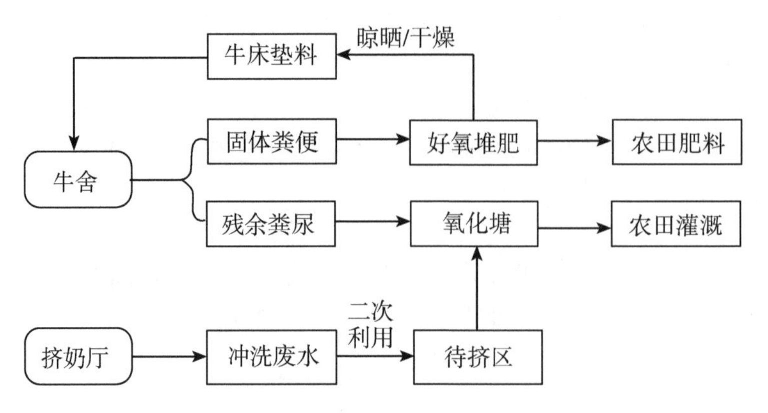

图 4-15　干清粪工艺—种养结合型模式流程

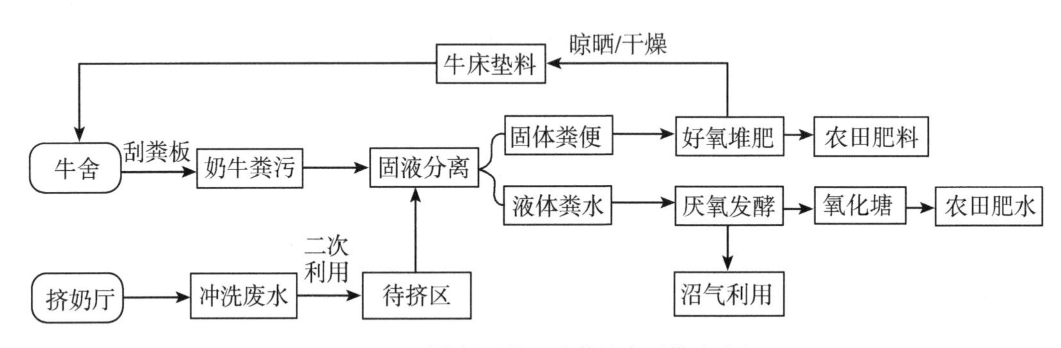

图 4-16　刮粪板工艺—种养结合型模式流程

3）刮粪板工艺—多元组合型模式

刮粪板工艺—多元组合型模式适合采用刮粪板工艺、周边农田配套不足的规模奶牛场，具体流程见图 4-17。

厌氧发酵设施总有效容积应至少满足 30 d 的粪水处理量。

氧化塘储存沼液的时间应不低于当地农作物生产用肥最大间隔时间，应达到 180 d 以上。

好氧生物处理的出水水质应符合当地纳管排放的有关标准规定。

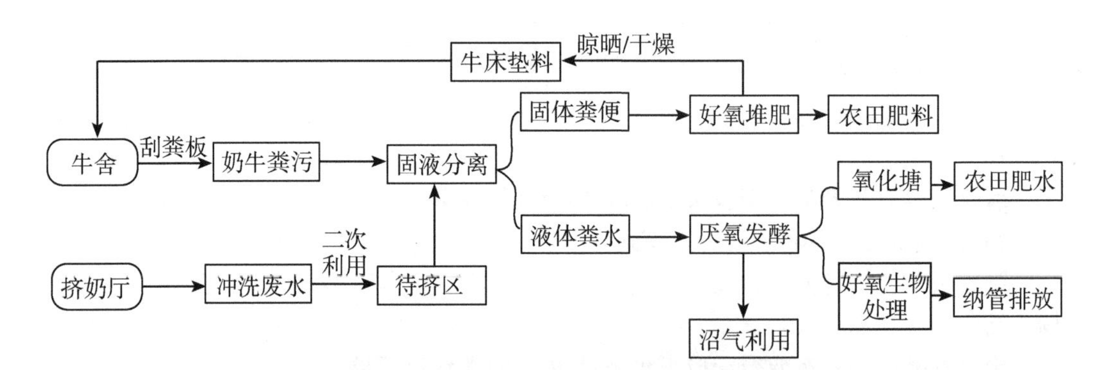

图 4-17　刮粪板工艺—多元组合型模式流程

4.3.4.4　环境检测

应按照《畜禽场环境质量及卫生控制规范》（NY/T 1167—2006）的规定，对奶牛场及缓冲区的空气、水体（包括各处理阶段出水、地下水等）、粪肥还田土壤进行定期监测，污染物排放应符合《畜禽养殖业污染物排放标准》（GB 18596—2001）的要求。

第五章　奶牛场生物安全管控流程

5.1　奶牛生物安全目标

奶牛生物安全是指避免引入新的病原、避免奶牛场内病原在不同阶段扩散以及预防场内病原扩散到其他牛群而采取的一系列措施、程序，涉及可能造成疫病传入和在奶牛场内传播的所有相关因素。

为了维护动物健康、保证牛群健康、规范生产、保障食品安全，控制人畜共患病，保健人员必须按照国家的法律法规严格执行防疫消毒工作，采取一整套措施、程序和细节，以降低病原传播的风险。

奶牛生物安全目标如下。

（1）不发生国家公布的一类疫病。

（2）结核、布病检疫覆盖率100%。

（3）疫苗免疫覆盖率100%。

5.2　奶牛场免疫管理

5.2.1　消毒管理

各区域消毒管理详见表5-1。

表5-1　各区域消毒管理

区域	防护用品	消毒设备	消毒药品及频次	备注
消毒室	帽子、口罩、手套、防护服	紫外线灯（距地面2 m以内）	2%聚维酮碘和2%戊二醛交替使用，每天更换	—
大门入口	—	消毒池喷雾器	2%氢氧化钠或2%戊二醛消毒，每周更换1次	—
生产区（牛舍、运动场、卧床、场区道路	—	仰角调整至最大角度（使消毒液雾在空中停留较长时间，最大限度消杀病原微生物）	2%氢氧化钠、2%戊二醛、氯类消毒剂参考说明书使用；每周消毒3次	消毒药品不得接触牛体，消毒时将牛驱赶至不消毒区域

（续表）

区域	防护用品	消毒设备	消毒药品及频次	备注
重点区域（产房、病牛舍舍内/通道、牛舍门口通道、犊牛岛/舍、胎衣或死牛滞留处	—	喷雾器	2%氢氧化钠或氯类消毒剂喷雾器消毒，地面、墙体必须均匀湿透；消毒频次为每天至少2次，均为交接班执行	胎衣或死牛滞留处在作业后第一时间进行清理并消毒

5.2.2　出入管理

5.2.2.1　人员管理

凡入场人员必须在消毒室停留时间不低于1 min。员工外出或返场时，必须进行登记；外来人员入场时，门卫查验核实身份，指导外来人员登记。

凡进入生产区必须佩戴口罩、手套、帽子，穿戴白大褂、一次性防护服、工作服，使用鞋套或穿着胶鞋，经消毒通道进入生产区。进入生产区只允许在作业区域活动（挤奶厅、饲料库房、兽药库房和办公区）；离开生产区，归还牧场劳保用品，将一次性防护用品投放至生产区消毒室垃圾箱。

5.2.2.2　车辆入场管理

未经牧场总经理许可，一切外来车辆不准进入场区（严禁行政车辆进入生产区，工作车辆尤其是清粪车辆进入办公区、生活区）；获准进入的车辆，应由门卫进行登记，并对入场车辆车体、轮胎、底盘等进行严格手动消毒。由对应接待部门负责外来车辆场内管理。

外来拉运零淘牛车辆，要在远离牧场的下风处交接淘汰牛只；外来拉运批淘牛车辆，要经过放置消毒药品的消毒池，并进行车体严格消毒后，方可进入场区。

5.2.2.3　防疫期管理

在防疫期间，疫区返场的探亲、休假的内部员工，经隔离7 d后并经严格消毒后方可入场；所有来自疫区的外来人员，禁止入场。

在防疫期间，严禁变更牧场运奶车辆，如遇特殊情况需要发生临时性车辆调配时，需要第一时间通知运营系统保健部和牧场总经理，以便及时处置。

牧场周边200 km范围内有疑似疫情发生时，禁止一切外来人员入场，停止一切参观访问及与防疫不相关的检查工作。

疫病防疫期间（每年11月至翌年4月），禁止一切外来人员入场（如有特殊情况时，须提供相关证明，经牧场总经理同意后，方可进入场区）。

5.2.2.4　牛只出入场检疫管理

凡自有牧场间有牛只调动，调入牧场都要对调运牛只进行布病、结核检疫；外购牛只调入牧场，需要对调运牛只进行相关检疫的检测，需检测布病、结核、副结核、牛病毒性腹泻（BVD）。检测合格牛只方可调动，不合格牛只调出应按照国家或公司有关规定处置。新进牛只管理详见表5-2。

表 5-2　新进牛只管理表

入场时间	注意事项
牛只入场前	牛舍准备：清理、平整卧床，并消毒处理
牛只入场	新进牛只需远离大群牛群，单独圈舍隔离饲养。隔离饲养不低于 45 d，并且在整个隔离观察期内，需使用 2%戊二醛或 2%氢氧化钠带畜消毒 2 次/d 需安排专职兽医负责巡栏、治疗，以及及时处置出现异常的病牛
入场后 2 h	禁止饮水、给料，入场后 2 h 少量给水，且须在水槽中添加电解多维，每天 1 次，连续添加 7 d
入场后 15 h	口蹄疫免疫
入场后 45 h	再次口蹄疫免疫后，方可与本牧场牛只混群饲养

5.3　奶牛免疫流程

5.3.1　各牛群免疫程序及排期

各牛群免疫程序及排期见表 5-3。

表 5-3　各牛群免疫程序及排期

项目	免疫牛群	频次	方式与剂量
口蹄疫免疫	95～125 日龄首免，126～156 日龄加强免 156 日龄以上所有牛只 新购牛只	每月 20—26 日，免疫 1 次 每年 3 次（3 月、7 月、11 月） 入场后 15 d、45 d 后加强免疫	颈部左侧，肌内注射，金宇保灵疫苗，1 mL/头；天康疫苗，2 mL/头
IBR/BVDV 免疫	95～125 日龄首免，126～156 日龄加强免 335～365 日龄再免疫 1 次 成母牛 青年牛	每月 20—26 日，免疫 1 次 怀孕 214～220 d 首免 怀孕 251～257 d 复免	颈部右侧，肌内注射，2 mL/头
梭菌免疫	干奶后（围产加免）	怀孕 214～220 d 首免 怀孕 251～257 d 复免	皮下注射，5 mL/头
驱虫	156 日龄以上后备牛 干奶牛	每年 2 次（4 月、10 月） 每周所有干奶牛只	肌内注射，按说明执行

5.3.2　免疫准备

确定牛群：免疫当天从系统里把符合当次免疫的牛只耳号筛选后打印出来，严格按耳号对牛免疫。

人员安排：全群免疫、检疫时保健经理全程负责，每天离开操作现场不得超过 2 h，保健经理离开期间主管必须在现场负责。

部门协作：在免疫前一天通知饲喂部门，配合投喂饲料时间，便于锁牛；通知各部门停止调整牛群，避免出现漏免、重免现象。

物料：5%碘酊棉、75%酒精棉、肾上腺素、一次性无菌注射器、针头（皮下注射时应用 12 × 15 号的针头，肌内注射时用 12 × 20 号的针头）。

疫苗携带：夏天时，疫苗应在带有冰袋的保温箱内携带，保温箱内温度符合疫苗保存条件；冬天时，疫苗也应在保温箱内携带，保温箱用棉衣或棉被等包裹保温，保温箱内温度符合疫苗保存条件；避免阳光照射，开封后和稀释过的疫苗应当天用完，用不完的疫苗进行无害化处理。

5.3.3　免疫操作

锁牛（图 5-1）：接种疫苗时锁牛时间不能超过 1 h，免疫完观察无过敏牛只后放牛。

图 5-1　锁牛

疫苗回温（图 5-2）：疫苗回温不彻底会增大应激反应，使用前应恢复至接近牛体体温再注射，回温方法可参考：在 35 ℃水浴锅回温 5 min 或在 25 ℃室温放置 2 h。

图 5-2　疫苗回温

消毒（图 5-3）：每接种 1 头牛使用 1 支一次性无菌注射器（针头），注射部位要用 5%碘酊消毒。

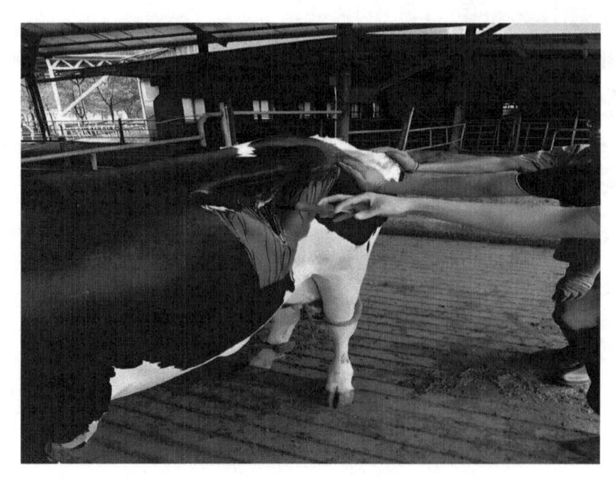

图 5-3　消毒

使用方法：严格按疫苗说明书使用方法免疫接种，免疫过程中严禁打飞针，并做好免疫记录。病牛不接种疫苗，需做好记录，待康复后补免。

过敏观察：接种疫苗后的当天对免疫过的牛群进行巡栏 2～3 次，巡栏人员身上必须带有肾上腺素、注射器，检查牛有无过敏反应，对接种疫苗后过敏反应严重的牛，立即皮下注射肾上腺素，并观察治疗效果。

收尾工作：接种用过的针头、疫苗空瓶、注射器、手套等都要集中收集，进行无害化处理，并做好记录。

每月 5 日由牧场保健经理检查各种免疫记录，并做好下月免疫计划，因特殊情况实际免疫时间和免疫计划出现偏差时提前请示运营系统保健部，批准后方可执行（实际免疫时间和免疫计划相差 3 d 之内不需要请示）。

5.4　检疫流程

5.4.1　检疫程序

各个牛群检疫程序及排期见表 5-4。

表 5-4　各个牛群检疫程序及排期

检测项目	牛群与时间	频次	检测比例/%
口蹄疫抗体检测	全群牛只免疫后 21 d	每次免疫后 21 d，全年 3 次以上	10
	新进牛群全群	入群检测 1 次	100
	满 180 日龄犊牛	每月 6—10 日，1 次/月	100

（续表）

检测项目	牛群与时间	频次	检测比例/%
IBR/BVDV 抗原检测	疫苗注射后 21 d	每月 1 次	10
结核抗原检测	2 月龄以上所有牛只	每年 2 次	100

5.4.2　结核检疫

5.4.2.1　皮内变态反应（PPD 法）

每年进行两次结核检疫，牛颈部皮差试验：要求在牛颈部一侧 1/3 处中部的健康皮肤处剪毛，面积为 3 cm × 3 cm，将注射部位用手捏起，以卡尺测量皮肤皱褶并记录。消毒后皮下注射副结核菌素 0.1 mL，72 h 后观察结果。检查注射部位的皮肤有无热、肿、痛等炎症反应，同时用卡尺测量皮肤皱褶厚度，计算皮差。皮差≥4 mm 为阳性，皮差在 2.1~3.9 mm 为疑似反应，皮差≤2 mm 判为阴性。对检疫结果为疑似和阳性牛只采血进行实验室复检（备注：结核检测前后皮厚标记详细，结果填写都以阳性或一个“+”代替）。

5.4.2.2　牛结核酶联免疫吸附试验

要求牛颈部皮差试验判定为阳性的牛只，每头牛使用一次性采血管采血 5 mL，当日送化验室检测做复检，根据 S/P 值判断阴性或阳性。

5.4.2.3　γ-干扰素 ELISA 试验

要求牛颈部皮差试验判定为阳性的牛只，每头牛使用一次性采血管采血 5 mL，当日送化验室检测做最后复检，并做好检疫记录。

5.4.2.4　阳性牛只处理

实验室复检后，阳性牛只分批次进行无害化处理。

5.4.3　布病检疫

5.4.3.1　检疫对象

（1）176~205 日龄育成牛布病疫苗免疫前、后检测阳性率。

（2）266~296 日龄青年牛布病疫苗免疫前、后，免疫后每 3 个月测定 1 次阳性率。

（3）24 月龄青年牛检测阳性率。

5.4.3.2　检疫时间

7 月龄、10 月龄牛只每月 5 日，检测 1 次；12~24 月龄青年牛每季度抽检 15 头，每月 5 日送样，年检 4 次；6 月龄以上所有牛只，每年春、秋季（4 月、9 月）检测，并做好检疫记录。

5.4.4　副结核检疫

5.4.4.1　检测对象

病区所有腹泻牛只。

5.4.4.2　检疫时间

每月 1—5 日（新发病腹泻牛只）。

5.4.4.3　检测送样

发病牛只全血冷藏送样，并做好检疫记录。

5.4.4.4　检测结果

阳性牛只隔离，并执行淘汰处理。

5.5　血样采集及送检操作规范

5.5.1　物品准备

采血管：无抗凝剂的普通采血管（图 5-4），可用于抗体效价检测、布病检疫、结核病复检等。

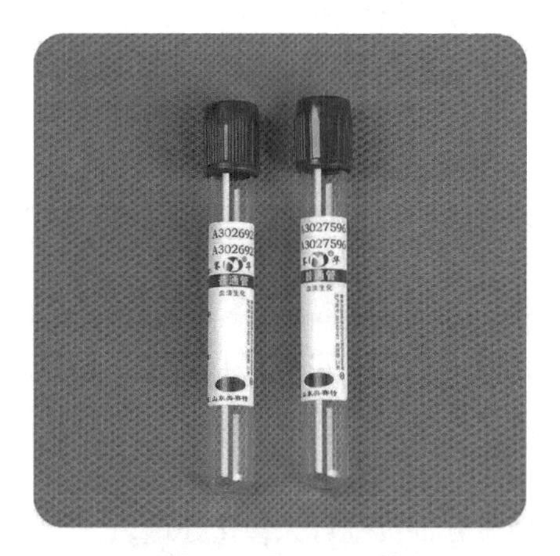

图 5-4　普通采血管

抗凝管（图 5-5）：含有抗凝剂的真空负压采血管，可用于牛病毒性腹泻病毒（BVDV）检疫等。

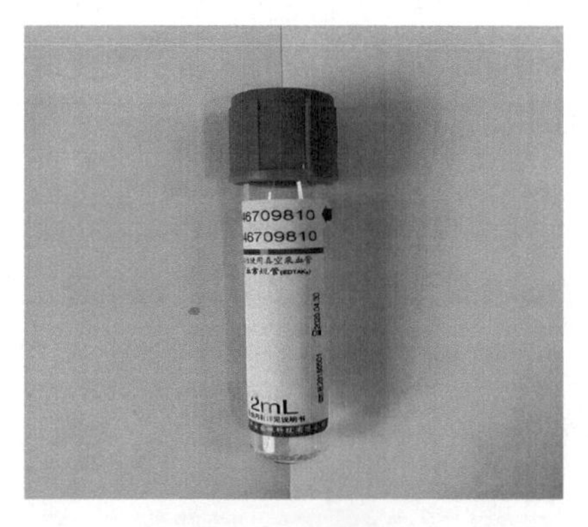

图 5-5　抗凝管

其他物品：防水记号笔（用于样品编号）、酒精棉球、保鲜膜、垃圾袋、样品保温冷藏箱、冰袋等。

5.5.2 采血管编号

血样采集前可根据预计抽检数量先在采血管上使用防水记号笔记录采样流水号。采血管编号规则为：月份（2位）+日期（2位）+顺序号（4位），例如4月15日采集的第一个样品编号为04150001，以此类推。

采血单准备，顺序使用经记录好采样流水号的采血管，对应记录被检牛只的耳号。

5.5.3 血液样品采集流程

5.5.3.1 采血方式

推荐采用牛只尾根部静脉采血方式（图5-6）。

图5-6 牛尾根部静脉采血

5.5.3.2 采血量标准

单项检测采血量为4~5 mL/头。

多项检测采血量为8~10 mL/头。

血样采集人员应戴手套、口罩，穿防护服、胶靴等，做好个人防护。

5.5.4 注意事项

5.5.4.1 血样采集记录

牛耳号及采样管编号与牛只必须保持一致。

5.5.4.2 采血管的消毒

采血管管壁上的血污、粪污可用75%酒精进行清理，但要避免将管壁上的采样流水号擦拭模糊。

5.5.4.3 废弃物品处理

采血针头、防护手套、口罩等废弃物品应统一收集，进行无害化处理。

5.5.5 血样的保存

将采血管按编号顺序放置在原始包装中的泡沫托底上，外周以保鲜膜缠绕固定，保持直立状态。将包装好的样品放入置有冰袋的保温箱内，保证样品处于2~8 ℃冷藏状态。样品采集完成后，应在12 h内送至检验室，送检过程中要最大限度地防止倾斜或震荡以避免溶血现象发生。送检时，血样和采血单记录表要一同送至化验室，如果没有采血单记录表，化验室不予检测。

5.6 奶牛场有害生物防控

5.6.1 灭蚊蝇管理

5.6.1.1 灭蚊蝇及虫卵方案

使用药品：高效低毒防疫消杀药品。

防控地点：生产区除采食道和水槽外所有区域，都需进行防控。

执行时间：每年4—10月。

5.6.1.2 生产区防控管理

由牧场总经理划分生产区蚊蝇防控工作责任区域，各生产部门部长为责任人，每次灭蚊蝇后，做好相关记录。

5.6.1.3 蚊蝇防控注意事项

不可污染到饲料或者饮水。

雨后或闷热潮湿的时段，是蚊蝇产卵最频繁、蛹化速度最快的时期，要适当增加消杀频率和药物用量。

有风情况下，需判准风向，先在下风向喷洒消杀，然后依次向上。

各类型杀虫剂交替使用，防止蚊蝇产生抗药性，保障蚊蝇防控工作效率的最大化。严格按照产品说明进行使用，以达到最佳杀灭效果。

5.6.2 防鼠管理

鼠害是牧场必须重视的问题之一，老鼠不仅偷吃饲料，最重要的是会传播传染性疾病，如李氏杆菌病、出血热、鼠疫等，而传统的毒饵灭鼠方法考虑到生物与乳品安全问题在牧场不能使用，使牧场的灭鼠工作更为困难，建议采取以下方法进行。

（1）牧场设计施工时，应充分考虑防鼠需要，特别是饲料库、牛舍等施工不能留有墙洞，墙内侧垫一层炉灰渣可以防鼠，建筑墙体等不能有裂缝。

（2）场区内墙洞、裂缝等随时用炉灰渣、水泥修补，下水井口等要盖好。

（3）使用物理、机械灭鼠的方法，如鼠夹、鼠笼、电子捕鼠器等；如有必要，请专业人员灭鼠，并保留相关记录，以备查看。

第六章　犊牛饲养管理

犊牛是自出生至6月龄的牛。奶牛犊牛作为奶牛群的后备力量，饲养方式的优劣、饲养技术的科学与否、疾病治疗的技术手段对犊牛的生长发育至关重要，是奶牛场增加奶牛数量和提高奶牛群生产水平的关键因素。做好奶牛犊牛的养殖，是当前奶牛养殖过程中的关键问题，也是促进奶牛养殖可持续发展的核心问题。

6.1　犊牛的生理特点

一方面，犊牛刚刚出生的时候，瘤胃还未发育完全，反刍的功能还不健全。因此，其不能像成年奶牛一样消化粗饲料。随着犊牛的生长，瘤胃慢慢发育起来，到4月龄，瘤网胃发育到成年牛的80%，到18月龄时发育达到85%，所以，在犊牛饲喂中，要根据奶牛消化系统的发育程度对应饲喂。

另一方面，由于刚出生，犊牛身体虚弱，对于外界环境的适应能力不强，再加之人工护理犊牛不当操作造成犊牛身体的各项机能较差，又因不良环境及不良饲养管理而引发多种疾病，比如感冒、腹泻及脐炎等，极易导致犊牛死亡，即使后期治愈也会因后遗症或机体发育不良而被淘汰。

随着犊牛的快速生长发育，其对营养物质的需求量逐步增加，当营养物质供给不足极易造成犊牛营养不良，进而导致犊牛生长发育缓慢、体质差、抗病能力弱，最终就会导致犊牛死亡。犊牛饲养管理不合理，如不定时、不定量、不定温度的饲喂，生活环境卫生条件较差，消毒不彻底等，极易造成犊牛腹泻，如治疗不及时就会造成死亡，使犊牛的成活率降低，导致奶牛养殖场的经济效益下降。

6.2　犊牛饲养期间目标

（1）日增重大于800 g；初生重在40~45 kg，60日龄断奶体重大于初生重2倍，6月龄体重大于190 kg，体高大于104 cm。

（2）初生死亡率：头胎牛小于5%；经产牛小于3%。

（3）哺乳期死亡率小于3%；断奶犊牛死亡率小于2%。

（4）哺乳期间药物治疗率小于25%。

6.3 新生犊牛的护理

（1）犊牛出生后，将犊牛与母牛分离。

（2）清除黏液：犊牛出生后，用干净的毛巾将犊牛鼻孔及口腔中的黏液擦拭干净，保证新生犊牛呼吸顺畅；若出现假死情况，应倒提起犊牛，拍打胸部和喉部，使喉部黏液从鼻孔排出，并立即将黏液擦干，以免吸入气管。

（3）断脐处理：将脐带在距离腹部 10 cm 处剪断，用 5%碘酊外部消毒，生后 2 d 检查脐带是否感染。

（4）用毛巾将犊牛全身黏液擦干，去掉软蹄。

（5）进行犊牛称重（图 6-1、图 6-2）、打耳号（图 6-3）。

（6）利用手持终端录入犊牛信息，包括犊牛母亲号、分娩日期、性别、初生重、接产人、是否助产等信息。

（7）将犊牛移至犊牛岛中。

图 6-1　犊牛称重设备 1

图 6-2　犊牛称重设备 2

图 6-3　犊牛打耳号

6.4　布置犊牛岛

6.4.1　犊牛岛消毒

犊牛岛（如图 6-4、图 6-5）要根据牧场实际情况定期消毒。3 种以上消毒液交替使用，平时 1 周消毒 2 次，非常时期每天消毒 1 次，使用背式喷雾器消毒，大环境使用风炮进行消毒。

6.4.2　更换垫料

犊牛岛内要提前通风，保持空气新鲜，放置垫料。

垫料要求表面干燥、松软、厚实、平整，无明显氨气味，下层垫料潮湿面积占总垫料面积比例：犊牛岛<20%，犊牛栏<10%。

图 6-4　犊牛岛布局

图 6-5　犊牛岛

6.4.3　垫料的定期清理及维护

（1）日清日维护，每天上午或下午必须集中对所有的犊牛岛（犊牛栏）内潮湿垫料彻底清理 1 次，每次清理完补充垫料前要对清理过的区域进行消毒、疏松处理 1 次。

（2）周清周维护：每周每批犊牛断奶或其他原因转群后，需对犊牛岛（犊牛栏）及垫料彻底清理、清洁、消毒、维护备用。

（3）月清月维护：犊牛入住犊牛岛（犊牛栏）达到 1 个月（30～40 d）后，要对犊牛岛（犊牛栏）及垫料彻底清理、清洁、消毒、维护 1 次。

犊牛因转群、死淘或其他原因离开犊牛岛（犊牛栏）后，必须对空置犊牛岛（犊牛栏）进行彻底清理、消毒、更换新垫料后方可继续使用，严禁将新生犊牛或其他犊牛直接放入未经彻底清理、消毒、更换垫料的犊牛岛（犊牛栏）内饲养。

6.5　犊牛的饲喂

6.5.1　饲喂初乳

出生后 0.5～1 h 内第一次哺喂初乳，首次灌服犊牛体重 10%、含 70～100 mg 以上 IgG 的初乳（一般体重≤30 kg 饲喂 3 L；体重>30 kg 饲喂 4 L）。首次饲喂后 6～8 h 之内再饲喂 2 L 含 70～100 mg 以上 IgG 的初乳；如饲喂冷冻初乳，应加热至 38～39 ℃，投喂过程中要注意方式方法，避免出现投喂到气管导致异物性肺炎或犊牛死亡，初乳饲喂后间隔 8 h 开始饲喂常乳。犊牛饲喂初乳如图 6-6。

6.5.1.1　灌服初乳的方法

用手指按压牙龈，沿着舌头插入管道，引起犊牛的吞咽反应，将管子插入管道。如果插入的位置正确，能感觉到饲喂器存在被扩充的食道里，食道位于脖子的左侧；如果

图 6-6　犊牛饲喂初乳

感到饲喂管的末端有气流，就是插到了气管里，应缓慢且温和地将管子移出，然后重新插入。

6.5.1.2　初乳贮存要求

初乳贮存（图 6-7）应存在 2 L 干净的容器中；保存在冰箱冷冻中；应标识采集日期、母牛编号、测量质量。

图 6-7　初乳贮存

6.5.1.3　弱犊饲喂初乳的方法

体弱犊牛或经过助产的犊牛，第一次喂奶大多数反应很弱，饮量很小，应有耐心在短时间内多喂几次，以保证必要的初乳量。应在 4~5 h 后喂第二次，以后每天喂 3 次，饲喂时的温度保持在 35~38 ℃。在初乳期每次哺乳 1~2 h，应饮温开水（35~37 ℃）进行补水。

6.5.1.4　被动免疫效果检测

初乳饲喂后 24~72 h 内检测血清免疫球蛋白或血清总蛋白含量，正常范围为：血清免疫球蛋白>10 mg/mL或血清总蛋白≥5.5 mg/L（目前通过采血，用折射计法测定血清总蛋白为主）。

6.5.2 犊牛给奶

哺乳期为60 d，哺乳量410 kg。每日3次，每次饲喂量相等，哺乳要做到定时、定温、定量、定人、定质。犊牛不同阶段哺乳量见表6-1。

（1）定时：根据牛场安排的时间可分为早、中、晚进行哺乳。

（2）定温：哺乳奶温应控制在38~39 ℃。奶温过低是造成犊牛下痢的重要原因；奶温过高，易因过度刺激而发生口胃肠炎等或犊牛拒食。

（3）定量：每天哺乳的奶量应按3次平均饲喂；可在奶桶的内壁画上刻度线，精确每次喂奶量。

（4）定人：饲喂哺乳犊牛的饲养员应固定。

（5）定质：巴氏消毒温度63 ℃、30 min，72 ℃、15 s。

（6）热奶方法：准备好牛奶，需使用蒸汽或其他加热设备，进行巴氏消毒，装奶器具在每次使用后，先用温水洗净，然后用70 ℃以上热碱水清洗，倒放控干。

（7）喂奶的顺序：先喂日龄小的，再喂日龄大的，最后喂病犊牛。

表6-1 犊牛不同阶段哺乳量

犊牛日龄/d	日喂奶量/kg	阶段奶量/kg
0~15	6	90
16~50	8	280
51~60	4	40
合计		410

6.5.3 犊牛开食料的饲喂

犊牛出生3 d后，即可训练采食精饲料。在犊牛岛前安置采食桶，内放少量精饲料，让犊牛自由采食（图6-8）。犊牛给料坚持少加勤加的原则，保证饲喂器具及饲料卫生，保证犊牛吃到最新鲜的颗粒料，禁止出现发霉、变质情况。

给料时间：出生后第4天开始给料，24 h不能断料。

6.5.4 犊牛给水

犊牛出生3 d后，应供给充足清洁、新鲜的饮水，自由饮水可以促进犊牛对开食料的采食量，断奶过渡期应给牛饮水。

犊牛饮水要干净、卫生，严禁出现断水问题。但在寒冷的条件下，每天应在喂奶后1 h供给温水（温度为15~30 ℃）。水桶应每天清洗，水桶中剩水清洗后倒掉，再加入充足的水。

图 6-8　犊牛给料

6.5.5　犊牛断奶

犊牛的断奶时间一般控制在 2 个月左右，在满足基础需求供应之上，可以适当地减少犊牛的供奶量，增加饲料的供应量，逐步地让犊牛有适应饲料的过程，提高胃的消化能力，为下一步过渡到采食草料作准备，尽早地适应饲草、饲料的消化模式。

6.5.5.1　犊牛断奶的标准

（1）达到断奶日龄，常规牧场为 60 d，A++牧场为 90 d。

（2）临近断奶日龄时连续 3 d 颗粒料采食量 2 kg/d 以上。

（3）健康、体况发育良好的犊牛。

6.5.5.2　犊牛断奶过渡

犊牛断奶过渡期为 7～10 d，断奶过渡期间必须在原圈饲养，完成开食料到精补料过渡。

过渡方法为：2 d（开食料：精补料=3：1）、2 d（开食料：精补料=1：1）、2 d（开食料：精补料=1：3）、1 d（开食料：精补料=0：1）。

犊牛饲料的种类以及比例多少要根据犊牛的生长发育阶段来定，可以采取多样化的饲料进行搭配，还要及时地给犊牛补充相应的维生素、矿物质、微量元素等物质，满足其对多种营养物质的需求。

断奶过渡后第 75 日龄（A++牧场第 91 日龄）开始给苜蓿（优质）或燕麦草（优质），草按比例撒至颗粒料上，比例为 3 月龄 0.3 kg/(头·d)、4 月龄 0.5 kg/(头·d)、5 日龄 0.7 kg/(头·d)，草长度要求 3~5 cm。

发霉的苜蓿和燕麦草不能饲喂，粉末过多的苜蓿和燕麦草需用筛子过滤后方能饲喂；严禁断水、断料现象。

6.5.5.3　减少断奶应激

满 3 月龄后开始分群，方法：月龄、体重基本相同，个体在群体中地位基本相等，避免以强欺弱，群体规模不要太大（一般不超过 20 头）。日粮结构为：犊牛生长料

2.5 kg/(头·d)，自由饮水，苜蓿草（或羊草）自由采食。这样可避免或减少断奶应激，保证犊牛健康发育。

6.5.5.4 生长指标控制

平均日增重（目标值）：约900 g。

满6月龄体高：108 cm，体重：200 kg。

6.6 犊牛其他管理要求

6.6.1 卫生

犊牛的培育，是一项比较细致而又十分重要的工作，与犊牛的生长发育、发病和死亡关系极大。对犊牛的环境、牛体以及用具卫生等，均有比较严格的管理措施，以确保犊牛的健康成长。

（1）喂奶用具（奶壶和奶桶），每次用后要严格进行清洗消毒。其程序为冷水冲洗→碱性洗涤剂擦洗→温水漂洗干净→倒放控干。

（2）开食料要少添勤喂，保证饲料新鲜、卫生。

（3）哺乳犊牛在单独的犊牛岛内饲养，应保持犊牛岛清洁、干燥、空气流通。应每班次清除犊牛粪便及污染的垫草，铺换干燥、清洁的垫草；垫草的压实厚度应大于5 cm；清理出的垫草不应堆在犊牛饲养区，应马上清理。

（4）夏季每天消毒1次，冬季每周消毒1次；犊牛转出犊牛岛时应彻底清除垫草，并严格消毒，空置10 d左右。

6.6.2 健康观察

平时对犊牛进行仔细观察，及早发现异常犊牛，及时进行适当处理，提高犊牛成活率。观察的内容包括以下6个方面。

（1）观察每头犊牛的被毛和眼神变化。

（2）观察犊牛的食欲以及粪便情况（消化、球虫）。

（3）注意是否有咳嗽或气喘。

（4）留意犊牛的体温变化，正常犊牛体温为38.5~39.2 ℃，当体温高达40.5 ℃以上属于异常。

（5）检查有无体内、外寄生虫。

（6）每月通过体重测定和体尺测量检查犊牛生长发育情况。

6.6.3 犊牛去角

6.6.3.1 去角方法及日期

剃毛后涂抹进口去角膏（出生后8~15 h内）或者使用电烙铁（18~25日龄）去角。

6.6.3.2　消毒

用电烙铁烫完角后上药处理（一般外伤用蹄泰、7%自配碘酊）。

6.6.3.3　去角方法

（1）跟踪烫角后出血（感染）情况，如果有出血（感染）情况，清洗（止血）消毒上药治疗（图6-9）。

（2）去角膏去角犊牛到18~25日龄、断奶时检查去角效果，去角不彻底牛只进行电烙铁去角外理，每个角基处理5~10 s。

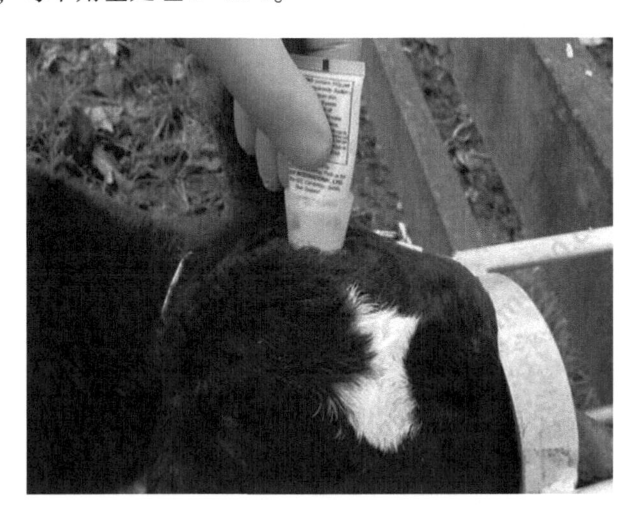

图6-9　去角后上药治疗

6.6.4　断奶犊牛的饲养管理

6.6.4.1　断奶犊牛的饲养

（1）犊牛断奶后，先在犊牛岛内过渡2周，不再喂奶，应喂水，开食料及苜蓿干草随意采食。

（2）从犊牛岛转出后，根据日龄和体重相近的原则分群饲养，每群20~30头。

（3）2~3月龄：可在喂食通道一边撒上颗粒料，一边放有苜蓿干草，断奶犊牛自由采食。

（4）4~6月龄：此阶段牛的生长发育较为迅速，通常营养物质的需求量要满足，这不仅需要补充青饲料和青贮饲料，还需要给其补充大量的微量元素和维生素，尤其是微量元素硒，对牛的生长发育较为重要。日粮以青粗饲料为主，根据犊牛粉料的配方，制作TMR日粮饲喂。可使用配方：犊牛颗粒料3 kg、苜蓿干草2 kg、水3 kg。

6.6.4.2　断奶犊牛的管理

（1）及时清除断奶犊牛区的粪污和脏的垫草，更换干燥、清洁的垫草，垫草压实厚度大于5 cm，保证牛舍卫生的清洁。

（2）观察牛群，包括犊牛的食欲、粪便、疾病等异常情况，发现病犊，及时从牛群中隔离。

（3）检查饲草、饲料、水的供应情况，及时将剩料清除。

（4）根据气温的变化，掌握每日运动时间，加强运动，可增进犊牛的体质健康。

（5）每月通过体重测定和体尺测量检查犊牛生长发育情况。

6.6.5 犊牛的光照及运动

没有阳光的照射，犊牛就不能够很好地利用光照中的紫外线来杀死体表滋生的细菌，不能很好地获得光照能量，身体就会感到寒冷不适；光照还可以增加犊牛对于钙的吸收，促进维生素 D 的转化，提高机体的免疫力，减少疾病的发生。犊牛生长发育过程中，适量的运动也是必不可少的，适当的运动可以提高犊牛的骨骼发育，增加消化系统、循环系统的功能，特别是对处于快速生长发育阶段的犊牛来说，适量的运动可以增加自身的抗病能力，增强自身的免疫力，对于奶牛成年后的产奶量以及产奶质量都有很大的影响。运动可在一天中气温较高的上午和中午进行，每天运动大约 3 h。

第七章　育成牛饲养管理

奶牛育成牛是在牛生长发育过程中非常重要的一个阶段和时期，其划分指的是犊牛从断奶后开始到产犊之前这一阶段的奶牛。育成牛阶段是奶牛消化系统、免疫系统等快速发育的时期，其生长发育的好坏，对成牛的体型、体况、产奶量和繁殖性能有很大影响。

7.1　育成牛饲养期间目标

（1）育成牛日增重：大于 800 g/d。

（2）育成牛淘汰率：小于 5%。

（3）产犊月龄：最好在 23~24 月龄；产犊时体重大于 590 kg。

（4）配种月龄：应在 14~15 月龄，配种时体重大于 380 kg，体高大于 127 cm。

（5）犊牛初生重：应在 40~45 kg。

7.2　育成牛分群饲养管理

育成牛是指 6 月龄至 2 周岁的牛。牛在这个阶段生长发育较为旺盛，对营养物质的需求量也较高，而且需要良好的饲养管理配合。这个时期的牛群，需要进行分群管理。由于生长发育的不均衡，导致牛的个体之间出现差异明显，所以在饲养的过程中要进行调整，使其处于同一个生长发育水平，也便于对牛群进行管理，而分群管理就是将生长发育相同和相似的牛组成群来进行分别管理。

实行分群管理后要对牛定期进行体重和体况的检查，并根据体况评分标准流程进行体况评分，及时解决其体重和体况出现的问题。还需要每天对牛进行刷拭和调教，这样可以使牛变得更加温顺，也便于对牛群进行群体的饲养和管理，刷拭和调教不仅能够清洁牛的体表皮肤和体毛，还可以促进牛的血液循环。

7.2.1　小育成牛（7~12 月龄）的饲养管理

7~12 月龄育成牛是个体定型阶段，身体生长发育迅速。这个时间段的牛，以粗饲料为主，可补喂一些精饲料，每天精饲料的提供量为 2~2.5 kg。这个阶段奶牛的瘤胃发育得非常快，其容积可达整个胃容积总量的 70% 以上，基本接近成年牛的胃容积。由于这一时期奶牛对青粗饲料的消化和吸收能力显著提升，因而要加大青粗饲料的投喂量，以加快瘤胃的进一步发育。

统计发现，在正常的饲养条件下，10月左右龄的奶牛，体重可增加到240~260 kg，1岁龄的可达275 kg左右，而体高能达到110 cm以上。需要说明的是，这一时期已经是奶牛性成熟的阶段，生殖系统的发育非常快，性器官和第二性特征也同样如此，尤其是乳腺系统在奶牛体重达到160~280 kg时发育最迅速。7~10月龄母牛卵巢上已经开始出现成熟的卵泡，能够发情排卵。

此期是生长发育最旺盛阶段，应尽早达到配种时间，平均日增重应为700~800 g，此期体况评分为2.5~3分。

母牛蹄部生长发育快，蹄质相对较软，不定期修整容易出现肢蹄病或跛行，奶牛10月龄开始，每年春、秋季分别修蹄1次。修蹄前后牛蹄对比如图7-1、图7-2所示。

图7-1　牛蹄修蹄前

图7-2　牛蹄修蹄后

7.2.2　大育成牛（13~17月龄）的饲养管理

此期育成牛消化器官发育接近成母牛，日粮以青粗饲料为主。

青年牛从12月开始观察发情，一般14~15月龄，体重达到成年体重的75%（约为350 kg）可以配种。过早的配种，奶牛未达到性成熟，会导致母牛出现难产的概率升高，还会使得母牛发育不良，也不利于后期乳的分泌。过晚的配种又会推迟产奶的时间，增加养殖成本。此期母牛应为中等膘情（3~3.5 分），外形清秀，肋部可隐约看到最后 3 根肋骨的轮廓，日增重 800~900 g。

15 月龄以后当母牛处于妊娠期，其生长速度逐渐下降，体况横向发展。应根据母牛的膘情来确定母牛的精饲料饲喂量，防止母牛出现过肥的状况。通常饲料量控制在 3 kg 以内，而给母牛提供的干物质控制在 12 kg 以内，蛋白质水平达 12%~13%。

乳房按摩可以刺激乳腺发育，提高产后泌乳量，一般在奶牛 12 月龄每天按摩 1 次，18 月龄每天按摩 2 次，按摩时可用热毛巾擦拭，一般产前 30 d 停止按摩，每次按摩时间为 8~10 min。同时，育成牛每天擦拭体表 1~2 次，每次 5 min。

7.2.3 青年牛（18 月龄至产前 1 个月）的饲养管理

这个时期的青年牛一般为怀孕母牛。怀孕后可将生长速度调整为日增重 800~900 g，头胎牛分娩前体重大于 590 kg，体高大于 138 cm。当育成牛怀孕至分娩前 3 个月，由于胚胎的迅速发育以及育成牛自身的生长，如果这一阶段营养不足，将影响育成牛的体格及胚胎的发育，但营养过于丰富，将导致过肥，引起难产、产后综合征等。

育成牛要有自己的档案，每个月称量体重，每个季度测量体尺，对奶牛生长发育进行监测。要定期对育成牛进行仔细观察，观察其膘情状况，体重维持在 345~355 kg。既不能生长过肥，又要避免过瘦，尤其是要观察牛的骨骼、生殖器官以及乳腺等部位的发育情况。母牛还要加强运动，这样可以提升其食欲，而且不容易发胖，能够延长母牛的利用时间，提高其产奶量。

奶牛能否达到高产奶量，除了具有健康的身体外，乳房的发育好坏也同样极为重要。由于妊娠后期乳房组织正处于高度发育时期，因而及时对乳房实施按摩，对乳腺的发育极为有利。有统计资料表明，乳房按摩可提高产奶量 15%~20%，并且对初孕奶牛更为重要。

7.3 育成牛免疫程序

7.3.1 牛传染性鼻气管炎

（1）4~6 月龄犊牛接种。

（2）空怀青年母牛在第 1 次配种前 40~60 d 接种。

（3）妊娠母牛在分娩后 30 d 接种。

（4）已接种过该疫苗的牛场，对 4 月龄以下的犊牛，不能接种任何其他疫苗。

7.3.2 牛病毒性腹泻疫苗

（1）牛病毒性腹泻灭活苗，任何时候都可以使用，妊娠母牛也可使用。第 1 次注射后 14 d 应再注射 1 次。

（2）牛病毒性腹泻弱毒苗，1~6 月龄犊牛接种，空怀青年母牛在第 1 次配种前 40~60 d 接种，妊娠母牛分娩后 30 d 接种。

7.3.3 牛副流感Ⅲ型疫苗

犊牛于6~8月龄时注射1次。

7.3.4 注意事项

（1）牛在刚出生和吃初乳期间，因从母体中获得母源抗体，此时注射疫苗会互相干扰，起不到免疫效果。

（2）注射时一定要摇匀使用，否则会造成剂量不准确。在疫病流行严重地区，应加大剂量接种，可保证免疫效果。

（3）疫苗在运输、保管过程中应低温保存，防止失效。

（4）接种弱毒活菌疫苗时不能同时用抗菌素药物，因为抗菌素会杀灭活菌，免疫效果不佳。

（5）当牛群已发生传染病时要非常小心，以免部分处于潜伏期的牛暴发疫病。

（6）在免疫过程中一定要加强营养，保证饲养密度不能过大，保持圈舍清洁卫生、干燥通风，才能提高免疫效果。

（7）有些免疫注射需要在适当间隔时间内重复进行，即加强免疫，才能使动物获得最佳免疫力。

（8）对怀孕母牛不能注射弱毒菌苗，否则会造成流产。只能注射灭活苗。

（9）疫苗稀释后，要放于阴凉处，避免阳光直射，并在1 h内用完。

（10）绝大多数疫苗应在配种前30 d注射，否则会推迟发情受孕。

第八章　成年母牛的发情与配种

8.1　成年母牛的发情

繁殖母牛在牛养殖产业中扮演着十分重要的角色。繁殖母牛的健康状况在一定程度上会影响犊牛的成活率以及健康状态，进而影响养殖场整体的经济效益。养殖繁殖母牛的根本目的是保证母牛快速发情、快速配种，生产出健壮的犊牛，以此来扩大养殖规模，实现高产稳产。而要想达到此目标，就需要对母牛的发情周期和发情鉴定方法有所掌握和了解，做到科学发情鉴定、科学人工授精，提升母牛的受胎率。

母牛的发情是指从母牛卵巢上卵泡的发育，到能够排出正常的成熟卵子，同时母牛外生殖器官和行为特征上呈现一系列变化的生理和行为学的过程。

8.1.1　成年母牛发情的生理阶段

成年母牛发情的生理阶段大致可划分为：初情期、性成熟期、体成熟期和成年时期4个阶段。

初情期：奶牛年龄为6~12月龄，奶牛出现第1次发情和排卵的时期，此阶段奶牛无论是生殖器官还是骨骼肌肉等脏器都尚未发育完全，所以不宜配种。

性成熟期：奶牛年龄为12~14月龄，奶牛有了完整的发情表现，且能排出可以受精的卵子，并开始出现规律的发情周期，此阶段奶牛的骨骼、肌肉、内脏等未发育完全，形态和结构也未达到体成熟时的标准，所以不宜配种。

体成熟期：奶牛年龄为15月龄以上，奶牛在性成熟的基础上，体重达到成年奶牛标准体重的70%以上（350 kg以上），此阶段可以开始奶牛的第1次配种。

成年时期：奶牛年龄为25月龄以上，奶牛在生理上均已达到性成熟和体成熟，此阶段需要保证按时配种。

8.1.2　成年母牛发情的周期划分

健康母牛在未妊娠的情况下，发情现象具有周期性的变化。从这次发情开始到下一次发情开始时间，就是一个发情周期。

母牛发情周期一般为18~24 d，平均为21 d。在整个发情期内能够看到母牛会出现不同的临床表现，根据母牛所表现出来的发情征兆差异性，将发情周期划分为发情前期、发情期、发情后期、间情期4个阶段。

发情前期：一般为发情期前1~2 d，也是发情的准备期。这时子宫、阴道黏膜组织呈现增生和分泌物增多，卵巢上有卵泡开始发育，上次排卵后形成的黄体开始萎缩。此时期母牛尚无性欲表现，不接受爬跨，但卵巢上的卵泡已在发育中，黄体已在退化萎缩。

发情期：是发情征候表现明显的阶段。卵泡迅速发育，生殖道组织增生，分泌大量黏液，子宫颈口开张，阴门肿胀，一般持续时间为10~36 h。此时期母牛有极强烈的性欲表现，精神状态明显兴奋不安，接受爬跨，卵泡增至不再增大、泡壁变薄，交配欲强，鸣叫，爬跨其他牛。

发情后期：排卵是卵巢内成熟的卵子从破裂的卵泡中排出的生理过程。母牛一般在发情表现结束后排卵，排卵的具体时间由母牛个体情况、季节、气温等因素而定，通常在发情停止后12 h左右排卵。排卵后，卵子在输卵管内保持有受精能力的时间为8~12 h。

间情期：亦称黄体期，是发情开始的一段时间。此期为黄体活动阶段，是发情结束后至下次发情开始的一段时间。此时母牛没有发情变化，母牛精神状态安静，没有性欲，所以又称休情期。

8.2 母牛的发情鉴定

准确的发情鉴定是奶牛适时配种的必要前提条件，其目的是掌握适时的配种时间，以区别异常发情或繁殖障碍，提高繁殖效率。通常采用外观试情法及直肠检查法来进行发情鉴定。

8.2.1 成年母牛发情征兆

成年母牛发情征兆为母牛从发情开始到发情结束所表现出来的一系列行为。其可根据奶牛的不同表现划分为早期征兆、旺期征兆和晚期征兆3个阶段。

早期征兆：母牛表现出一定的紧张和不安，来回走动，开始频繁且大声地哞叫，后腿拉开，弯腰举尾，同时会追逐其他奶牛，用头顶其他奶牛的臀部，嗅舔其他母牛的外阴，并试图爬跨，但若被爬跨母牛还未发情，则会躲避。此时外阴轻微红肿，可见少量透明黏液分泌。

旺期征兆：特征同早期征兆相似，不同点为母牛开始站立不动接受其他奶牛的爬跨。此时外阴充血肿胀，流出黏稠的清亮黏液，呈丝状。

晚期征兆：母牛不再接受爬跨，紧张与不安逐渐趋于平静。此时外阴肿胀消退，流出较粗的乳白色混浊状黏液。

8.2.2 成年母牛异常发情表现

成年母牛发情时如果没有外部征状或不能正常排卵，就叫异常发情。

母牛常见的异常发情有静默发情、短促发情、断续发情、妊娠发情。

(1) 静默发情：亦称安静排卵或暗发情。母牛外部没有发情表现，而卵巢上却有卵泡在发育成熟和排卵。一般母牛产后的第 1 次发情、每日挤奶次数多的母牛、体弱的母牛等均易发生静默发情。

（2）短促发情：即母牛的发情期非常短。如不注意观察，容易漏配。这种现象与炎热气温有关，多发生在夏季，可能是卵泡发育停止或发育受阻。

（3）断续发情：母牛发情时断时续称为断续发情，发情时间拖得很长。这可能是由于卵巢上有卵泡交替发育所引起的。患有卵泡囊肿的母牛常表现为断续发情。

（4）妊娠发情：母牛在妊娠后仍出现发情表现的称为妊娠发情，也称假发情。虽然外部有发情表现，但检查时阴道黏膜不充血、无黏液。卵巢上有妊娠黄体存在。

8.2.3　成年母牛发情检测标准化操作流程

成年母牛发情检测标准化操作流程（SOP）见表 8-1。

表 8-1　成年母牛发情检测标准化操作流程（SOP）

序号	项目	细节
1	观察前准备	穿雨靴，带笔和纸，夜晚带照明设备
2	操作步骤	进牛舍、慢慢走、勿惊动、贴近看
3	观察时间	早晨上料前 1 h 至牛舍上料，按舍别的上料顺序进行观察 总时间不少于 1.5 h，每个舍别观察不少于 15 min
4	观察内容	1. 所有运动牛只行动、表现（例如：走、跑、立、叫、爬、止）等情况 2. 牛只黏液情况（立、动、卧等形态下，后躯的黏液、血液等状况） 3. 牛只身上异常痕迹（爬痕、伤痕等） 4. 新产牛只所有正常、异常的情况 5. 同期处理后的牛只 6. 干奶、围产、病牛舍牛只预产情况 7. 12~14 月龄育成牛只
5	观察范围	所有牛舍（包括干奶、围产、产房、小育成舍别）
6	观察班次	每天观察次数不少于 5 次，一早一晚的观察为重点
7	记录查询	1. 任何异常情况（黏液异常、表现异常）均详细记录 2. 观察结束后，查询详细信息，判断、筛选、所有记录需备案
8	下一步准备	1. 准备器械、药品，查看液氮、精液数量 2. 查询、核实牛只舍别，提前安排人员找牛、夹牛 3. 合理安排工作先后顺序、合理调整人员安排

（续表）

序号	项目	细节
9	每天发情观察的 5 个时间段	观察次数　观察时间　检出率% 2　6:20　18:20　69 2　8:00　16:00　54 2　8:00　18:00　58 2　8:00　20:00　65 3　8:00　14:00　20:00　73 3　6:00　14:00　22:00　80 4　8:00　12:00　16:00　22:00　80 4　6:00　12:00　16:00　20:00　86 4　8:00　12:00　16:00　20:00　75 5　6:00　10:00　14:00　18:00　22:00　91
10	备注	观察时间要保证，观察质量是重点

8.3 成年母牛的配种技术

8.3.1 配种时间

母牛适宜输精时间在发情开始后 9~24 h，2 次输精间隔 8~12 h。因为通常母牛发情持续期 18 h，母牛在发情结束后 10~15 h 排卵，卵子存活时间 6~12 h，卵子到受精部位需 6 h，精子进入受精部位 0.25~4 h，精子在生殖道内保持受精能力为 24~50 h，精子获能时间需 20 h。母牛多在夜间排卵，生产中应夜间输精或清晨输精，避免气温高时输精，尤其在夏季，以提高受胎率。老、弱母牛发情持续期短，配种时间应适当提前。母牛产后第 1 次发情一般产犊牛 40 d 左右或 40 d 以上，这与营养状况有很大关系。一般产后第 2~4 个发情期配种，易受胎，应抓紧时机及时配种。

8.3.2 配种方法

8.3.2.1 自然交配

自然交配又称本交，指公、母牛之间直接交配，这种方法公牛的利用率低，购牛价高，饲养管理成本也高，且易传染疾病，生产上不宜采用。

8.3.2.2 人工授精

母牛的人工授精技术已成为养牛业的现代、科学繁殖技术，并且已在全国范围内广泛推广应用。人工授精技术是人工采集公牛精液，经质量检查并稀释、处理和冷冻后，再用输精器将精液输入母牛的生殖道内，母牛排出的卵子受精后妊娠，最终产下犊牛。

1）精液的采集

公牛采精一般采用假阴道法，采精前需提前准备消过毒的假阴道（图 8-1）、采精筒、润滑剂、相关采精器械以及台牛（图 8-2、图 8-3）。采精开始后工作人员需与公牛保持一定距离，当公牛看到台牛后，会自主哞叫并开始爬跨台牛，此时采精员需密切观察公牛阴茎位置，当公牛下腹部接触到台牛臀部时，采精员需迅速挪动公牛阴茎，避免阴茎接触到台牛臀部污染阴茎，公牛在两次空爬后，会排净阴茎内残存的尿液和精液。此时工作人员需将公牛牵离台牛，采精人员拿出假阴道，严格按照公牛空爬技术规范操作，将假阴道口对准阴茎，保持与阴茎相同方向，切忌用假阴道去套阴茎。公牛达到完全兴奋后，后肢前冲，完成最终射精过程，此时采精员可持假阴道离开，并将其倒入集精杯中，交于冻精人员检测，检测项目包括射精量、色泽、气味、浑浊度、活率、密度、形态、存活时间等。采精过后，要对采精厅以及所有采精设备工具进行消毒，至此采精结束。

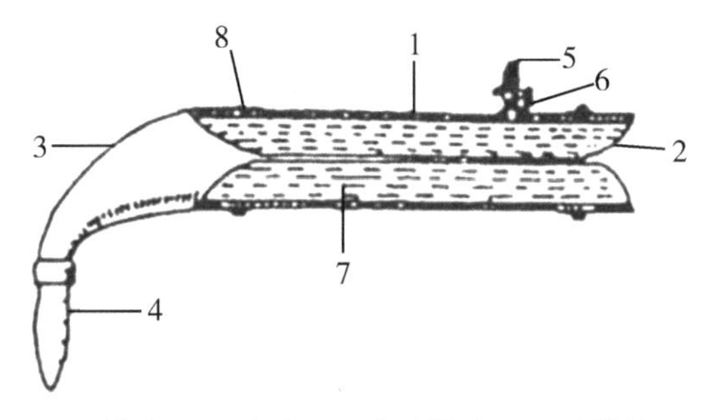

1. 外壳；2. 内胎；3. 橡胶漏斗；4. 采精管；
5. 气嘴；6. 水孔；7. 温水；8. 固定胶圈。

图 8-1　牛用假阴道

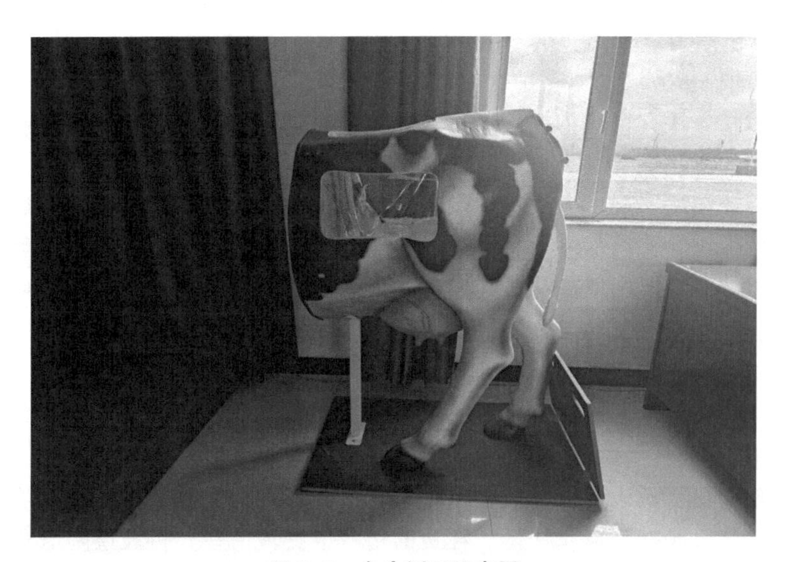

图 8-2　台牛侧面示意图

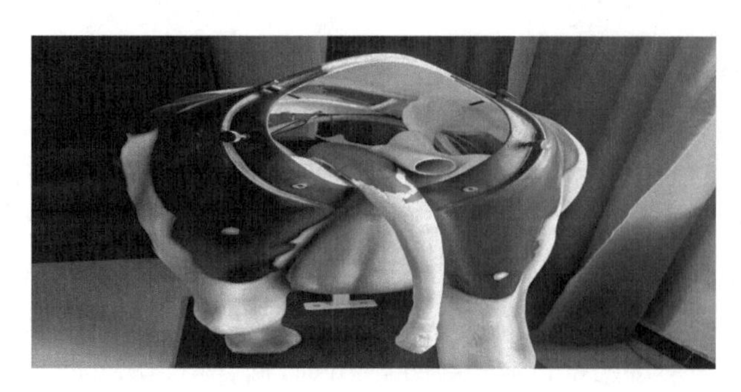

图 8-3　台牛后侧示意图

2）冷冻精液的管理

①冷冻精液的保存。冷冻精液保存于含量不低于 70% 的液氮罐中。液氮是一种无色透明的液体，温度为-196℃。液氮罐多以不锈钢或铝合金制成，液氮罐的容量常用的为 10 L、30 L，一个 10 L 的液氮罐添足一次液氮可维持约 15 d。将抽样检验合格的各种剂型的冷冻精液分别包装，并标记好其品种、公牛号、冻精日期、剂型和数量等，置于具有超低温的冷源液氮内长期保存备用，液氮罐要放置在干燥、避光、通风的室内，不可倾斜，定期需派工作人员检查。液氮罐管颈上温度更高，故取精时不要把提筒提出颈口，且动作一定要迅速，控制在 5~10 s，取毕后迅速把提筒浸没于液氮中。研究表明，在液氮内保存 25 年以上的冻精，其活力和受胎率均未发现有明显下降。

②冷冻精液的解冻。冷冻精液不能直接利用，必须先解冻后输精，首先消毒输精相关器械，包括玻璃棒、离心管、镊子、剪刀等。其次准备 1~2 mL 稀释液，置于水浴锅中一起加热至 35~40 ℃。从液氮罐中用镊子快速取出一支细管冻精，在 35~40 ℃水浴锅中快速摆动，最好在 10 s 内解冻，用无菌纸擦拭细管表面的水珠，剪刀在封口端 1 cm 左右剪开。用玻璃棒蘸取少量精液到载玻片置于显微镜下观察，无致病菌、畸形率≤20%、精子活力≥0. 35、精子顶体完整率≥40%，即可作为输精精液。

3）母牛的输精方法

母牛的输精方法有直肠把握输精法和开膣器输精法两种。直肠把握输精法是目前较为先进和常用的方法。

直肠把握输精法：这一方法的优点为受胎率高，且能够节省精液，但要求输精员必须经过严格的训练，输精员需检查卵泡成熟情况以及在哪一侧卵巢上的位置，抓住子宫颈，另一只手持干净毛巾擦净沾于阴门处的牛粪，持已装好细管精液的输精枪插入阴道至子宫颈口，把握子宫颈的手与持输精枪的手协同操作，把输精枪导入子宫颈深部或子宫体，在技术熟练的条件下，可导入至排卵侧的子宫角膨大部，慢慢注入精液，注射完毕后，缓慢取出输精枪。输精员手法一定要轻柔、循序，防止因动作粗暴损伤奶牛生殖道黏膜。输精结束后，做好发情、直肠检查和配种的详细记录。

开膣器输精法：对于开膣器的输精技术要求没有直肠把握输精法高，较好操作，但受胎率也可能比直肠把握输精法低，耗费的精液也更多一些。将玻璃阴道开膣器或金属开膣器消毒后涂上润滑油，缓缓插入阴道，借助手电等光线，找到子宫颈外口，另一只手将输精管插入子宫颈内 1~2 cm，注入精液，最后取出输精管与开膣器。

4）输精量与输精时间

奶牛的输精量一般为 1 mL，冷冻精液颗粒和安瓿输精量为 1 mL，如为塑料细管，多用 0.5 mL 或 0.25 mL 的分装，其所含的前进运动的活动精子数为 2 000 万~3 000万个，新鲜精液含精子数 1 亿个以上。输精时间需根据奶牛的发情排卵时间而定，研究表明，在排卵前 15 h 左右输精受胎率高，所以及时监测发情，在发情中后期进行输精，可以使受胎率最高。奶牛场一般都进行 2 次输精，如上午发现发情，则下午输精，隔 6 h 后再输 1 次；若下午或夜间发情，则第 2 日早再输精，隔 6 h 再输 1 次。

8.3.3　人工授精标准化操作流程

8.3.3.1　输精前准备

（1）干净卫生的输精枪、输精套管，剪子、镊子、解冻杯、温度计、纸巾。

（2）检查液氮罐中液氮的液、精液的保存及数量。

（3）查看系谱，选用公司推荐型号的精液。

（4）解冻水温为 35~37 ℃，解冻时间为 30~45 s，冬季注意保温，夏季注意日照、水珠、烟气等。

8.3.3.2　输精技术操作

（1）公牛选择：要依据选配报告使用冻精，坚持第一选择为主、其他选择为辅。

（2）输精时间为发情盛期后 8~12 h 内输精受胎率最高。

（3）输精部位为子宫体（在子宫角与子宫颈连接处，只有 1~2 cm）。

（4）插枪时的速度一定要缓慢，力度一定要均匀，以免损伤子宫黏膜。

（5）输精后 10~12 h 仍持续爬跨的，需要补配，但不计配种次数，应使用同一公牛冻精以免产生拮抗。

（6）输精枪前端在通过子宫颈横行而不规则排列的皱褶时的手法是输精的关键技术。可用改变输精器前进方向、回抽、滚动等操作技巧配合子宫颈的摆动，使输精枪前端柔顺地通过子宫颈。禁止以输精枪硬戳的方法进入。

（7）一牛一管，输精枪护套管不得重复使用。输精枪使用完毕后应及时清洗并消毒干燥。为避免污染，在授精全过程中均须保持清洁卫生。

（8）再次核对所配种的牛号和精液号，配种员通过一级考试后方可进行人工输精操作。

（9）直肠检查时，戴上塑料手套，涂上润滑油，按摩直肠。

（10）手臂进入直肠时，避免与直肠蠕动相逆的方向移动。分次掏出粪便，但要避免空气进入直肠而引起直肠膨胀。

（11）抓握子宫颈时，用手指插入子宫颈的侧面，伸入宫颈下部，然后用食指、中指、拇指握抓住子宫颈。子宫颈比较结实，阴道质地松软，子宫体似海绵体（触摸后为弹性的实感）。

（12）输精枪以 35°~45°斜向上进入分开的阴门前庭，略向前下方进入阴道宫颈段。

（13）精液的注入部位是子宫体，在确定注入部位无误后缓缓注入精液。要求在

5 s 内输完。

(14) 退出输精枪和塑料外套，处理垃圾。

8.3.3.3 输精完成后的工作

(1) 做好输精器具的消毒清洁与个人卫生。

(2) 做好记录：包括牛号、配种日期、使用冻精号、配种人员等。

(3) 有条件的情况下可以用蜡笔或颜料涂上做记号，表示已经配种。

8.3.4 胎检

8.3.4.1 围产牛转群前胎检

转群前必须对每头挑出的围产牛只进行胎检，对于怀孕情况不确定的牛只必须由繁育部门会诊确定。母牛胎检见图 8-4，将胎检结果录入手持终端。

图 8-4 母牛胎检

8.3.4.2 围产牛超出预产期的检查

对超预产期（5 d 以内）牛只，接产员通知繁育部门做直肠检查确认是否有胎并了解胎龄。

8.3.4.3 空怀牛只处理

发现空怀牛只后及时通知部门经理，由部门经理和相关部门进行沟通并及时处理。

泌乳牛在干奶前要先进行直肠胎检，确定胎儿与信息相符，形成胎检记录。对于无胎牛只则立即通知繁育部门人员进行确认，在未确认有胎的情况下不可干奶。对于有乳房炎症状的牛只，按照乳房炎治疗处方进行治疗，在治愈后方可进行干奶。

根据B超仪检测结果对奶牛进行调群管理，调群结果录入手持终端。①青年牛可以分为参配牛群、孕检怀孕牛群、产前2个月的青年干奶牛群、产前5周的青年围产牛群；②将产前2个月的青年牛分群饲养，并喂干奶牛TMR料（粗饲料全部使用羊草）；③将产前5周的青年牛分群单独饲养，饲喂围产牛配方；④育成牛6~9月龄分群以日龄（173 d≤日龄<314 d）为主，参考体高进行调整，严禁出现体格大小差异大的现象，必须单独饲养，混群率≤2%［混群率=（混入的不符合标准的日龄牛只+混出的符合标准日龄的牛只）/符合标准日龄的育成牛牛头数×100%］（注：6~9月龄牛头数低于100头的牧场除外）。

第九章　围产期奶牛饲养管理

奶牛围产期主要指奶牛在临产之前的3周和生产后的2~3周。产前的3周称围产前期，产后的2~3周称围产后期。围产期奶牛状态为从干奶转为产犊、泌乳，经受生理上的极大刺激，主要表现食欲减退，对疾病易感；容易出现消化、代谢紊乱，如酮病、产后瘫痪、真胃移位、胎衣不下、奶牛肥胖综合征等。因此这个时期的饲养管理尤为重要，要提高奶牛干物质采食量，预防产后营养代谢疾病。

9.1　围产前期饲养管理

围产前期是母牛生产过程中很重要的环节，应该将日粮结构的调整作为主要的生产目标，以有效促进瘤胃微生物与乳头状突起恢复生长状态，激发机体的免疫系统，可有效避免产后发生代谢性疾病。

9.1.1　围产前期奶牛的饲喂

为了避免机体呈现出能量负平衡的情况，应将奶牛的饲喂模式逐渐过渡为高精饲料日粮，同时增加可发酵糖类的添加量，既可以为奶牛提供更多的能量，减轻奶牛肝脏糖原消耗，也可以保障瘤胃微生物适应高精饲料水平，有效降低更换精饲料所引起酸中毒的可能。

存栏较多的牛场，可将围产前期奶牛单独组群饲养。精饲料的饲喂量在3~5 kg，提高日粮粗蛋白质含量（14%~16%），使粗饲料占日粮干物质60%以上。保持低盐、低钙、低钾，钙磷比例达到1∶1，以提高血钙浓度，防止母牛采食含钙量过高的饲料引起的产后瘫痪。在饲养过程中补充微量元素和维生素A、维生素E等，提升奶牛的体质。产犊时母牛体况评分不宜超过3.5分。

9.1.2　围产前期奶牛的管理

根据母牛身体的实际状况，适当增加运动量和光照强度。平时还应该给母牛供应充足且清洁的饮用水。加强日常的饲养管理措施，避免发生难产或流产等现象。在母牛分娩的前7 d，应该将其转送至产房内进行饲养，在转入之前可以采用2%氢氧化钠溶液对产房彻底消毒，并且应该在牛床上铺垫清洁干燥的垫草，给母牛的分娩提供相对干燥、通风良好并且安静的环境条件。

9.2　妊娠与分娩

9.2.1　妊娠诊断

奶牛的妊娠诊断技术是牛场实施繁殖管理计划的重要依据。奶牛配种后，应及时准确地判断其是否妊娠，提高其繁殖效率和产奶量，降低饲养成本，提高牛场经济效益。所以奶牛的早期妊娠诊断是奶牛养殖过程中的一个十分重要的环节。其妊娠诊断的方法主要有直肠触诊、超声波检测、孕酮检测和妊娠相关糖蛋白（PAG）检测法 4 种。

9.2.1.1　直肠触诊

在妊娠诊断中直肠触诊法是奶牛生产中最常见的一种检测方法，其主要根据检查人员触摸和感受生殖器官的形状及形态等变化来判定奶牛是否妊娠。具体为专业的检查人员先用手触摸到子宫颈，再向前滑动分别触摸子宫角，最后再向下触摸卵巢，感受这些生殖器官的形状和形态变化，妊娠母牛的子宫角不对称，一般孕侧的子宫角较粗，而非孕侧的子宫角则收缩力较强；孕侧的卵巢体积明显变大，而非孕侧的卵巢体积较小，到了妊娠后期，还可以触摸到胎儿及胎动。该方法的准确性取决于检查人员的经验和技能、胎儿的大小、胎囊内的液体量等因素，若操作不当可能会导致奶牛流产和胎儿异常。

9.2.1.2　超声波检测

现代奶牛养殖中超声波检测主要为 B 超检测和 D 超检测，B 超检测技术一般采用直肠探查法，其可以通过观察正常状态下卵巢和子宫的变化来检查奶牛的妊娠情况，是从奶牛授精后 30 d 早期准确判断妊娠的方法。D 超检测为利用多普勒效应原理，对运动的脏器和血流进行检测，多普勒 D 型仪可通过测定母牛和胎儿血流量及胎动周期判断其是否妊娠。D 超检测具有高性能、多功能、高分辨率、高清晰度等特点，诊断准确度高，但其仪器造价太贵，在畜牧业方面应用较少。

9.2.1.3　孕酮检测

孕酮检测为通过奶牛乳汁和外周血中孕酮（P4）含量判断其是否妊娠。奶牛在处于妊娠期时，黄体和胎盘会不断分泌孕酮，其通过测定孕酮含量即可诊断奶牛是否处于妊娠，如丁红等用 RIA 方法测定 703 头配种后 21～24 d 母牛乳中孕酮含量，通过研究，确定乳脂孕酮的判断值>1.0 ng/10 μL 为妊娠，<0.8 ng/10 μL 为未妊娠，0.8～1.0 ng/10 μL 为可疑，利用乳脂孕酮值判别为妊娠的准确率为 88.6%，未妊娠的准确率为 97.4%，还有研究表明，孕酮检测法对于判定非妊娠期的奶牛，其准确率可达 100%。

9.2.1.4　妊娠相关糖蛋白（PAG）检测法

PAG 属于家养反刍动物胎盘表达的一大类非活动性天冬氨酸蛋白酶，胎儿发育中的任何紊乱都会导致胎盘分泌 PAG 功能的紊乱。在发生死胎时，母牛血液中 PAG 含量与同期妊娠的正常母牛相比迅速下降，所以可通过对奶牛血清中的 PAG 含量进行妊娠诊断。用牛妊娠相关糖蛋白 ELISA 试剂盒检测配种后 28～45 d 的 273 头荷斯坦牛血清中 PAG 的含量来进行妊娠诊断，并与 75 d 直肠妊娠检查结果进行验证，结果发现牛 PAG

ELISA 早孕检测试剂盒妊娠诊断的敏感性、特异性、阳性预测值、阴性预测值和准确性分别为 100%、75.5%、86.5%、100%和 90.5%，证明妊娠相关糖蛋白试剂盒可以准确诊断出空怀奶牛，可用于奶牛的早期妊娠诊断。

9.2.2 分娩与助产

分娩是奶牛的正常生理过程，其直接关系到母牛、犊牛的健康和生产性能的发挥。母牛即将分娩时会表现出一系列明显的征状，养殖人员一定要做好观察。此外，准确算出母牛的预产期，再结合分娩前的征状，及时做好接产的准备工作，对母牛和犊牛的健康极其重要。在实际生产中，还需要掌握关键的接产技术，现代养殖为了提高新生犊牛的成活率，避免母牛在分娩时遇到可避免的损伤，保护母牛的正常繁殖机能，目前多采用人工助产的措施，且如果发现难产，则需要根据引起难产的原因采取相应的助产措施，以确保犊牛顺利产出。

9.2.2.1 奶牛的分娩

（1）分娩前的征兆。奶牛在临产前会表现出一些明显的变化。乳房膨胀：产前半个月乳房开始膨大，产前 4~5 d 可挤出黏稠奶水（淡黄色），如果能挤出白色奶，分娩很可能就在 1~2 d 之内。外阴渐肿：外阴肿胀，皱褶消失，子宫颈口黏液塞溶化，并有透明索状物流出，垂于阴门外，此现象表明 1~2 d 内可分娩。臀部塌陷：尾根两侧肌肉松弛已凹陷，这表明即将临产。最后如果母牛不安：母牛时起时卧，来回走动，频频排尿，回头看腹，说明子宫已发生阵缩。

（2）分娩过程。奶牛在临产前的 2 周要提前进入产房，做好分娩前的准备。奶牛分娩过程可分为开口期、产出期、胎衣排出期。开口期母牛表现为轻微不安，来回走动，从产道中分泌大量黏液，排粪、排尿次数增多，呼吸频率加大，骨盆韧带松弛等现象，这一阶段一般持续 2~6 h。产出期母牛表现为起卧不定，频频弓腰举尾，其子宫出现节律性的持续收缩，不久后出现绒毛尿囊（水袋），其破裂后流出黄色的液体，并出现羊膜（白色水泡），随着胎儿向外排出破裂，流出羊水，此时母牛继续努责，如果胎儿体位正常，则前肢会先伸出阴门外，再经历多次收缩努责后，胎儿头部露出后，整个胎儿滑下，脐带撕裂，此阶段一般持续 15 min 至 3 h。胎衣排出期为从胎儿娩出到胎衣完全排出的时期，一般持续 4~6 h。分娩时，如果犊牛长时间没有产出，则视为难产，需要根据实际情况科学助产。

（3）分娩后的饲养管理。母牛分娩后的饲养管理对于其体质的恢复、产奶量、生产性能的发挥等非常重要。母牛在分娩后不能立即喂料，这是由于母牛在经历分娩后体质虚弱，体内水分、盐分和糖分损失较多，此时需要给母牛提供温热的麸皮汤，同时饲喂少量的优质青干草，这样对母牛产后泌乳有利。母牛在产后消化机能也较差，需要逐渐地增加饲喂量，待消化机能恢复后再正常饲喂。分娩后让母牛充分地休息。如母牛在产后 12 h 后胎衣还未排出，则会导致子宫内引发败血疾病或者子宫炎等疾病，所以要及时进行手术剥离。一般如果母牛子宫健康自净能力强，在 15 d 左右即可排干净恶露，并且子宫恢复正常，此时不需要采取治疗措施，但是如果恶露排不净，则需要进行直肠检查或者阴道检查，并使用消炎药冲洗子宫，促进母牛恢复正常。

9.2.2.2　奶牛的助产

在实际生产中，为了提高新生犊牛的成活率，避免母牛在分娩时遇到不应该发生的损伤，保护母牛的正常繁殖机能，多采用人工助产的措施，奶牛的助产可分为正常助产和难产助产。

（1）正常助产。助产前要做好充分的检查工作，对奶牛的妊娠情况充分了解，使用科学的方法，不可盲目助产。母牛在分娩时多数是侧卧分娩，个别为伏卧或站立。在侧卧分娩中，当胎儿头部露出于阴门之外，而羊膜尚未破裂时，助产人员应立即撕破羊膜使胎儿鼻部露出，防止胎儿窒息，随羊水的不断流出，母牛阵缩及努责又减弱时，助产人员可抓住胎头及两前肢，随着母牛的努责，沿着骨盆轴方向慢慢拉出胎儿。在助产时，如果胎儿胎位和胎向不正，助产人员要先将胎儿送回产道或者子宫腔内，再矫正胎位、胎向和姿势。值得助产人员注意的是，当胎儿头部过大很难通过阴门口，而此时母牛又反复努责时，助产人员应帮助慢慢拉出，同时要防止阴门撕裂。当母牛是站立分娩时，助产人员应不少于2个人，随着胎儿不断娩出用双手接住胎儿，以防胎儿突然落地损伤。

（2）难产助产。难产是奶牛养殖中较为常见的一种疾病类型，母牛难产根据原因不同可以分为产力性难产、产道性难产和胎儿性难产3种。产力性难产主要为奶牛子宫颈松弛导致，产生此类难产情况的奶牛主要为高龄奶牛，其表现为奶牛精神不振、俯卧、头朝腹部弯曲侧卧、努责无力，针对产力性难产需要通过手术的方式进行助产。术者可将手伸入奶牛产道内顺势将胎儿拉出，或者为病牛注射适量的垂体后叶激素或催产素来加快其子宫收缩能力，之后将胎儿慢慢拉出。产道性难产主要为子宫粘连导致，其表现为烦躁不安、无法起卧、努责、弓腰，但未见胎水排出且腹部有明显鼓胀，针对产道性难产需要在奶牛分娩之前进行产道的检查，判断其产道环境状况是否存在出血或者过于干燥情况，需要对其产道的损伤程度以及感染发生情况进行观察并予以助产。胎儿性难产主要由胎儿过大、胎儿姿势不正、胎儿位置不正、胎儿方向不正导致，表现为母牛明显地正常宫缩及努责，能够在其阴门部位看到露出的胎儿两蹄或臀部，但无法正常分娩，检查其产道状况以及胎儿等均无异常。针对胎儿性难产，如果因为胎儿过大所导致的难产可以使用植物油、液体石蜡或者凡士林涂抹的方式提升产道的润滑性，促进胎儿的顺利娩出，如因胎儿姿势不正所致奶牛难产，可将其推回产道内部调整之后再行助产，如胎儿自身体积较小、产道环境较好、无明显的严重扭转情况，可以由术者直接用手对其头部位置进行矫正。奶牛的难产很多时候不是单独发生的，因此在助产之前一定要做好对胎向、胎位、胎姿的充分检查，同时还要检查胎儿是否存活，检查要领是将手伸入胎儿口腔内，感应嘴及舌有无动向，也可以按压眼球，或牵拉前肢有无生理反应，如果胎儿死亡，在保护好母牛阴门不被撕破的前提下尽可能把胎儿拉出或用产科锯进行肢解，若调整不过来的应尽早采取剖腹产的办法取出胎儿，保障母牛的安全和健康。

9.3 接产程序标准化操作

9.3.1 分娩前准备

（1）提前将临产牛只转入产房区域，便于观察、监护。

（2）接产人员每小时巡圈2次。

（3）每次巡圈观察牛只乳房、腹部以及母牛的精神状态，必要时做直肠检查。

（4）产床上提前铺好干燥、松软的垫草（厚度5 cm以上），通风良好且四周无贼风；安静且光线柔和。

（5）准备干净卫生的产绳、产科链、助产器、消毒液、温水、产科器械、长臂手套、液体石蜡、碘酊等。

9.3.2 母牛接产程序

接产总原则：①自产为主，助产为辅，虽然自产，人员不许擅自离开，仍需继续监管；②人员消毒、牛体消毒、所有器械消毒；③勿人为强拉硬拽，接产保护顺序：首先保母牛、犊牛、产道，共3项，其次保母牛、产道，共2项，最后保母牛顺产（正产）。

（1）仔细观察临产牛的情况。

（2）产出期开始时，观察母牛的体质情况和母牛胎膜露出至排出胎水这一段时间。

（3）戴长臂手套，消毒母牛外阴，消毒长臂手套，进行产道开张，胎儿、胎位、胎向等检查。

（4）观察母牛体况、产道开张、产力、努责等情况，观察犊牛头部、双（前）蹄进出产道情况，秉承“自产为主，助产为辅”的原则，研究是否需要人为助产。

（5）胎膜露出、羊水破裂超过2 h，仍未产出，则需要人为助产难产检查、处置时间产出期开始时，观察母牛的体质情况和母牛胎膜漏出至排出胎水这一段时间。

难产类型：①前腿已经露出很长而不见头唇部；②头唇部已经露出，而看不见一或两前腿；③只见尾巴，而不见一或两后腿；④产道狭窄，犊牛特大；⑤倒生（包括仰卧倒生）或仰卧顺产；⑥母牛的产力不足（母牛患病）及死胎等其他类型。

难产处理原则：遇到以上难产把母牛保定后清洗母牛的外阴部及其周围，并用消毒药水擦洗。接产人员戴长臂手套，准备必要的检查工作，检查确定胎势、胎位后，方可矫正、助产。如无法矫正，则截胎处理。

9.3.3 助产时注意事项

（1）胎儿是否反常，检查时要注意胎儿前置器官露出的情况有无异常。确定胎儿异常的性质，而不要把露出的部分向外拉。否则可使胎儿的反常加剧，给矫正工作带来更大困难。

（2）胎儿进入产道的深浅，来决定是否助产。进入产道很深，不能推回，且胎儿较小，一般不严重，可先试行拉出；产道尚未开张时，如有异常，则应先行矫正。

（3）对于胎儿的死活，必须细心鉴定。如果胎儿已经死亡，在保全母牛及产道不受损伤的情况下，对它可以采用任何措施；如果胎儿依旧存活，则应首先考虑母子的安全，当无法兼顾时，则只考虑母牛的安全。

（4）最后检查矫正完成后，用助产绳或助产器往外拉，开始时母牛和助产器必须在一条水平线（母牛和助产器的角度是180°），然后按照母牛产力和产道方向慢慢往下拉，从头部至胸部出来时不停留，此时需托住犊牛产出的部分，然后继续慢慢拉出来。

9.3.4 胎儿产出后注意事项

（1）检查腹腔里是否还有未产出的牛犊。

（2）马上注射V-ADE、催产素（3支以内）。

（3）及时补充产后营养液。

（4）及时观察母牛产道的流血情况，判断是否产伤、是否需要注射止血药物，在产犊记录本上及时记录详细情况。

（5）及时清理被羊水、粪便污染的垫草，更换垫草。

（6）收拾产犊助产用具，药物消毒、日光消毒，产绳一定马上用消毒水刷洗，清水洗净，高处悬挂。

（7）及时通知挤奶、喂奶人员，对产出的牛犊性别、编号、生死等还有所产母牛马上做好标记，记录到产犊记录本上。

（8）收拾好垃圾，观察一段时间的母牛起卧和趴卧的腿部姿态，及时调整卧姿。

（9）检查犊牛栏内的垫草情况、及时擦干犊牛、注意保温。

（10）再次巡视一遍待产牛舍。

（11）胎儿产出后，应立即擦干口腔和鼻腔黏膜，防止吸入肺内引起异物性肺炎。

（12）产出胎儿的脐带，一般自行扯断，不必结扎，用碘酊消毒即可，如发现流血，应该先用酒精棉止血，再消毒。如人工断脐，应在脐动脉停止跳动后进行，以防失血。断脐部位应在接近腹壁5~10 cm处，脐带的内外要用碘酊消毒、浸泡，生后2 d检查脐带是否感染，胎儿的断端也要充分消毒。

（13）初乳的质量、饲喂重量、灌注时间是犊牛成活、犊牛活产率的关键，及时饲喂初乳。初乳以黏稠、洁净、无粪、无血、无杂质、气味正常、乳黄色为佳。

9.4 产前产后护理标准化操作流程

9.4.1 干奶期护理

（1）母牛进入干奶期前，首先做最后一次孕检。

（2）孕检不仅要检查是否空怀，还要检查是否有胎动或者犊牛存活。

（3）注射V-ADE或者亚硒酸钠维生素E，预防产后胎衣不下。亚硒酸钠维生素E具有一定毒性，使用前应咨询相关专业人士，勿轻易使用。

（4）数据要求准确，及时上报场长并通知兽医、畜牧技术员进行干奶治疗和饲料调整。

9.4.2 围产期护理

（1）每天巡舍仔细观察临产牛只，及时调群，做好产前接产准备。

（2）接产器械、绳索等经常消毒，及时检查，妥善保管。

（3）调群时全群资料须准确，否则过早进入围产期，易引起牛只产前、产后瘫痪。

（4）及时与产房人员沟通，做好相应的接产准备，安排好相应接产值班人员。

9.4.3 产后护理

（1）产后母牛应尽快驱使其站立，有利于防止子宫脱垂和胎衣的排出，对被助产的牛只应人工牵引运动几分钟之后，尽快让其休息。

（2）及时注射解热镇痛药、催产素等，有利于母牛的恢复和胎衣的排出。

（3）分娩后及时补充能量，如益母草膏、红糖水等，也可以适当地进行输液补液。

（4）分娩后 0~3 d，经常性观察胎衣排出情况，及时消毒牛床、更换褥草。

（5）分娩后 3~10 d，观察牛只的食欲、胎衣、恶露等情况，每天坚持测量体温，及早发现牛只异常，及时处理产后保健。由兽医和配种员共同完成，兽医 1 人，配种员 1 人。兽医负责体温检测，观察食欲及牛只精神状态。配种员负责产后 3~10 d 牛的直肠检查，每间隔 2 天 1 次，对子宫炎、产道损伤牛进行子宫投药，子宫和产道感染出现全身症状，牛由兽医负责治疗。

（6）产后 1 周内牛只应饮温水以减少胃肠受到不良刺激，以加速胃肠功能恢复。

（7）由于分娩过程中，牛只体力消耗过大，应减少干扰，尽早让牛只休息。

（8）产后 15 d 左右，进行第 1 次子宫复旧检查，主要检查子宫恢复情况、恶露黏液排出情况，如发现异常，则及时治疗。

（9）产后 30 d 左右，进行第 2 次子宫复旧检查，主要检查子宫恢复情况、卵巢状况，如发现异常，则及时治疗。

（10）及时通知犊牛饲养员人员监护和辅助犊牛，尽快吃上初乳。

9.5 围产后期饲养管理

围产后期的奶牛在生产上也称为新产牛。奶牛分娩后体力消耗极大，分娩后应与犊牛马上分开，安静休息，灌服营养补液或饮温麦麸红糖水 20 L（麦麸 1 kg、红糖 500 g、盐 200 g、温水 20 L，水温 40 ℃）。这段时期以恢复母牛健康和体力为主，尽快排出胎衣，生殖器官还不能完全恢复，此时乳房呈现出水肿状态，乳腺及其机体循环系统也不能正常运转，但奶牛的产奶量呈现逐渐上升的趋势。

该阶段目标为：增加干物质采食量，减少产后疾病，胎衣不下发生率小于 5%，产后瘫痪发生率小于 5%，真胃移位发生率小于 1.5%，酮病发病率小于 2%，头胎牛日泌乳高于 25 kg，经产牛日泌乳高于 30 kg。

9.5.1 新产牛的饲喂

新产牛挤完初乳，胎衣排出后转入新产群中，采用新产牛 TMR 日粮配方。产后 3 d 以饲喂优质干草为主，适当增加钙和盐的含量，合理控制挤奶量和挤奶次数，产奶量过多可能会因损失大量的钙而表现产后瘫痪，同时合理使用抗生素以预防和控制可能的感染。分娩后 2~3 周，母牛的食欲状态会逐渐恢复正常而且乳房水肿状态消退，可按照泌乳牛的饲喂标准正常供给饲料，继续增加精饲料，饲喂优质干草、高钙日粮（0.7%~0.8%），日粮中添加维生素 B_3（5~10 g/d）预防酮病。日常观察和记录，观察到有异常情况如反刍异常则要科学地调整饲养方案。

9.5.2 胎衣排出情况

产后可直接注射缩宫素促进胎衣排出，胎儿产后 5~6 h 胎衣应该排出，应仔细观察完整情况，如胎儿产后 12 h 胎衣尚未排出，应由兽医处理，胎衣排除后，应马上清除，防止奶牛吞食。

9.5.3 新产牛挤奶

新产牛挤奶时，过抗的新产牛放在第一批挤，未过抗的放到最后挤奶，赶牛时必须小心地轰牛上挤奶台，严禁挤奶员粗暴打骂奶牛，对于起卧困难牛只严禁强行驱赶，应及时报告兽医人员，由兽医人员进行处理，冬季结冰时奶牛走道入口撒沙子防滑，针对牧场有小挤奶厅的，未过抗牛可在小挤奶厅进行挤奶，挤奶时要严格按照《挤奶操作作业指导书》执行。

9.5.4 新生牛检查

（1）时间。对新产牛连续 7 d 进行产后监控。

（2）体温。体温通常使用肛门温度检测仪进行测定，如图 9-1 所示。在正常范围时在右侧尻部用蓝色标识，超出正常范围用红色标识。

图 9-1 肛门温度检测仪

（3）检查项。包括精神状态、采食状态、乳房充盈度、粪便状态、胎衣情况。

（4）顺序。先在牛前进行精神、采食观察，对异常牛只进行标记（颈夹放草），然后在牛后观察，对异常问题牛只做全身检查（包括体温、呼吸、心律、瘤胃蠕动、乳房）。颈夹放草操作如图 9-2 所示。

图 9-2　颈夹放草操作

（5）标识。如发现胎衣不下、产后瘫痪、真胃左方变位、真胃右方扭转、子宫炎、产道拉伤、无故高热等情况，在奶牛尻部分别进行标记。

第十章　泌乳牛饲养管理

奶牛产犊后即进入泌乳期，而泌乳期持续的时间会受到品种、胎次、年龄以及产犊季节和饲养管理措施的影响。其中饲养管理措施对奶牛的产奶量以及再次发情会产生直接影响，同时也会对奶牛的产奶量以及实际使用年限产生影响。

奶牛的主要生产性能是泌乳，因此，它的生产周期是围绕泌乳进行，又称泌乳周期。科学饲养管理的基础是分群管理，根据奶牛所处泌乳阶段的不同进行合理地分群，一般分为泌乳盛期、泌乳中期、泌乳后期和干奶期牛群，不同的牛群所对应的饲养管理也不同。

10.1　泌乳盛期饲养管理

一般在围产后期至 100 d 为泌乳盛期，这段时间的产奶量约占泌乳期总奶量的 40%~50%。泌乳盛期作为整个泌乳期的黄金阶段，要尽量给其提供稳定良好的饲养环境，以保证奶牛发挥生产潜力，延长奶牛泌乳高峰的持续时间。在泌乳盛期可采用引导饲养的方法，保证在有效的短时间内提升奶牛的实际泌乳量。泌乳盛期的目标为：头胎牛日泌乳量大于 35 kg，经产牛日泌乳量大于 45 kg，体况评分大于 2.5 分。

此阶段应尽快使母牛恢复消化机能和食欲，提高采食量，降低能量负平衡。奶牛采食的饲料主要以优质粗饲料、高能量且高蛋白质的精饲料为主，并保证矿物质供应。精饲料添喂量应逐步增加，添加过快会引起酸中毒、绝食和乳脂率下降，要保证奶牛精饲料的供应持续稳定状态，度过泌乳盛期则可以根据奶牛饲养的实际情况合理调整饲喂措施。

泌乳盛期也是泌乳高峰期所在的期间，日粮配制方面建议让奶牛大量摄入草料，干物质采食量应占到体重的 2%~4%，精饲料中的干物质占日粮总干物质的 60%以下。对于高产牛可适当增加过瘤胃脂肪、过瘤胃蛋白、高蛋白质补充料、缓冲剂。奶牛在产后短期内日粮要保持酸性，随产奶量升高、代谢率升高、体内环境趋于酸性时，日粮要调为碱性。

饲养时观察体况、奶量、粪便。每天观察奶量变化情况，奶牛行为观察包括反刍时间、胃的饱满程度、肢蹄病。

10.2　泌乳中期饲养管理

泌乳中期是一般是产后 101~200 d。奶牛一般在生产之后的 140~150 d 属于泌乳相对稳定的阶段，一般会持续 50~60 d。通常该阶段会出现产奶量下降的情况，母体体重开始恢复，此时奶牛机体因为泌乳而消耗太多的能量，其余的能量要在机体中进行储存以供体重增加所用。

泌乳中期的目标是减缓产奶量下降的速度，恢复体况。此阶段需要综合考虑奶牛的体重以及产奶量和乳脂率的实际情况，调整日粮结构，适当减少精饲料比例，逐渐增加优质青粗饲料的投喂量，增加采食量，使奶牛体重恢复，控制产奶量不要下降过快，营养供给上要求中能量、中蛋白质、中钙磷。对于产奶量比较高的中期牛，精饲料饲喂量比正常牛要多一些，使产奶量不明显下降。间隔 10 d 需要根据奶牛的体重和产奶量情况合理调整精饲料的供应量。同时还应保证有充足的干草，适宜的条件下可降低青贮饲料和多汁饲料的供应量。

10.3 泌乳后期饲养管理

泌乳后期一般指产后 200 d 到干奶期。这段时期奶牛产奶量和采食量都会继续下降，日粮结构根据奶牛膘情进行调整，以粗饲料为主，多喂干草和青贮饲料，精粗比一般为 3∶7 或 4∶6。日粮中蛋白质和能量水平要求较低，与泌乳高峰期相比要求低能量、低蛋白质、低钙磷。这个阶段的目标是调整奶牛体况，最好体况评分维持在 3.5 分，注意不要增重过度。

10.4 干奶期饲养管理

干奶期为泌乳牛停止挤奶至临产前的一段时间，一般是产前 60 d 至产前 21 d。有研究表明，干奶期的长短对奶牛下次生产和泌乳有着较大影响，因此在饲养期间需要将奶牛干奶时间控制在合理范围。

在干奶前期，要对奶牛饲料类型进行适当调整，慢慢减少多汁青绿饲料的用量，供水量也要进行合理控制，精饲料和粗饲料的用量比控制在 3∶7，混合精饲料的用量，每头奶牛控制在 3 kg 左右，饲料中的维生素和微量元素要保证充足。在干奶中期，要在保证营养供应全面充足的同时对奶牛的膘情进行合理控制，确定不同类型饲料的具体用量，做到合理搭配，以免出现过度肥胖的情况，通常情况下在干奶中期要对奶牛饲喂量进行严格管控。干奶后期，要适量增加精饲料，不断提高日粮的精饲料水平可以促进奶牛的生产。在饲料中添加益生菌和维生素能够保证能量的稳定供应和促进奶牛的营养代谢，以免出现各类疾病。尽量使牛膘情适中（体况 3~3.5 分），体况较差的牛可提高营养水平（以增加优质粗饲料为主）；肥胖牛可调整营养（尤其是能量）摄入。

干奶期除了饲养方面的注意事项外，还要加强管理工作，保证母牛在妊娠后期体内胎儿正常发育，使母牛在经过紧张的泌乳期后能有一个充分的休息时间，使其体况得以恢复，乳腺得以修补与更新。这个时期科学合理的饲养管理有助于下一个泌乳期发挥最大的生产性能，可以减少分娩及泌乳初期发生的健康问题和营养负平衡问题。干奶过程中奶牛出现异常，如乳房肿胀，需要暂停干奶，将乳房中乳汁挤出，并对乳房进行消炎和按摩，治疗完成后再进行干奶。为了避免难产和产后乳房水肿，应维持相当的运动量，做好保胎工作，要加强牛体卫生，每天刷拭皮肤，减少皮垢，要每天进行乳房按摩，促进乳腺发育，并保持良好的饲养环境。

10.5　科学挤奶

10.5.1　上挤奶台

（1）赶牛人员从挤奶现场走到待挤厅后面，打开待挤厅门；然后走到牛舍，打开靠近赶牛通道的牛舍所有门，把其他相邻牛舍的门、饲喂通道门、挤奶通道门全部关闭。

（2）赶牛人员走到牛舍另一头，从里往外驱赶牛只，把所有的牛只赶出牛舍，赶牛人员站在牛能看见的地方赶牛。

（3）赶牛人员必须在牧场规定挤奶时间内把牛赶到待挤厅，不得延误挤奶。

（4）赶牛过程中遇到异常情况及时反馈挤奶经理，例如，牛只卧床不起、蹄病、水槽漏水或无水、地面破损、颈夹损坏、料槽空槽等。

10.5.2　验奶

10.5.2.1　验奶的目的

检验乳房是否有乳房炎，乳头坏死及血乳，乳头冻伤或者乳汁有凝乳块或水样；降低细菌数（因为乳头孔是微生物进入最直接的地方所以将附近牛奶弃掉，这样可大大降低牛奶中微生物含量）；对奶牛的乳头刺激，促进奶牛产生放乳反射，进行放乳，有利于挤奶。

10.5.2.2　操作步骤

按照先前而后的顺序对每个乳区连续有效地挤弃前 3 把奶，如前 3 把奶均有凝乳块，则需再挤两把奶，确定最后 1 把奶（总体第 5 把奶）是否有凝乳块，如有凝乳块确定为乳房炎；如挤奶时乳房出现红、肿、热、痛反应，但牛奶无问题可正常挤奶。验奶的方式采用握拳式或拇指式。

挤奶员在验奶时认真仔细检查各乳区乳汁颜色、性状，观察有无异常，检验乳房是否有乳房炎，乳头坏死及血乳，乳头冻伤或者乳汁有凝乳块或水样；发现乳房炎牛时应立即通知兽医并做好标记和记录，兽医收到通知后必须将病牛转入病牛舍（如有乳房炎牛舍则转入乳房炎牛舍）进行治疗。然后将接触坏乳区的手进行浸泡消毒并通知坑道其他挤奶工作人员注意。

10.5.2.3　防止交叉感染

每次验出乳房炎，双手用水冲洗并用消毒液消毒；发现手上比较脏时，立即用清水冲洗干净。

10.5.2.4　验奶员

验奶员要保证手臂清洁，同时发现乳房炎要对手臂进行消毒后方可再次操作。初产牛的瞎乳区识别带需要着重检查，发现戴识别带的乳区如泌乳机能恢复正常，则可以上杯。

10.5.2.5 隐性乳房炎检测（CMT 检测）

根据牧场大缸牛奶体细胞数值，每月体细胞高的牧场对低产泌乳牛进行检测（牧场做 DHI 的不用检测）。

10.5.3 前药浴

10.5.3.1 前药浴目的

杀灭乳头上面的细菌，湿润乳头上面的粪痂以容易擦掉。同时避免患有乳房炎的牛将病原菌传染给其他健康奶牛，防止交叉感染；是预防奶牛乳房炎发病的一种非常行之有效的方法。

10.5.3.2 操作步骤

使用消毒喷枪：握住消毒喷枪后柄，大拇指按动按钮，枪头与乳头平行均匀地将药浴液喷洒在每个乳头上，乳头的正面和背面都得喷洒到位；使用药浴杯：将药浴杯盖拧开，灌满药浴液，拧上盖，用一只手握住药浴杯，轻轻一挤药浴杯中间部分，杯口有药浴液流出，对准每一个乳头，将乳头全部浸入药浴液中，前药浴的顺序按照先前再后的顺序；药浴杯杯口呈圆锥形状，药浴液不够 1/2 时，应再挤压药浴杯中部使药浴液盛满呈圆锥形状。前药浴见图 10-1。

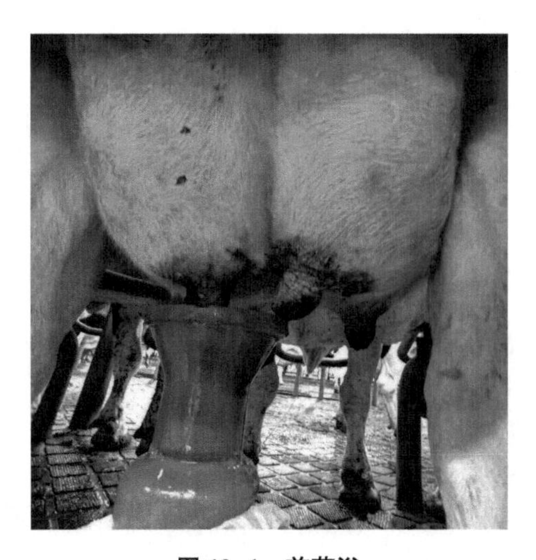

图 10-1 前药浴

10.5.3.3 药浴彻底

每头牛验乳后，进行挤前消毒，消毒必须每个乳头全面、有效、彻底，药浴液在乳头上必须形成滴水状，包裹乳头，浸泡深度为乳头的 2/3 处，药液保证在乳头存留 30 s 后方可擦拭。

10.5.3.4 药浴液浓度配比规定

前药浴使用时不允许用原液，后药浴在冬季寒冷天气下防止乳头冻伤情况下使用，其他时间禁止使用原液。

10.5.4　乳头擦拭

10.5.4.1　擦拭目的

擦拭乳头也是对乳头进行适度按摩，由于奶牛乳头神经末梢分布最丰富，因此也是最敏感的；适度地按摩奶牛乳头会刺激奶牛下丘脑部分泌催产素，可促进奶牛乳导管收缩，反射性地引起奶牛放乳。

10.5.4.2　擦拭方法

每头牛有效消毒后，至少间隔 4 头牛，从第一头牛开始再用一次性纸巾擦拭。纸巾擦拭操作顺序按照先前而后的顺序，手握住纸巾对准乳头基部，采用旋转的擦拭方法对乳头进行擦拭，最后对乳头孔进行擦拭；严禁四乳区用纸巾同一部位擦拭；擦拭后的乳头必须干净清洁，没有粪渣、药浴液和污水，严禁污水流入奶杯。

10.5.4.3　擦拭原则

至少一牛一巾，纸巾必须清洁、干燥，确保干净和使用后的纸巾隔离放置。

10.5.4.4　擦拭人员注意

挤奶员在进行纸巾擦拭之前，双手必须干净。擦拭顺序严格按照先前而后。

10.5.4.5　乳头评分

挤奶经理每月对全群的牛群进行乳头评价，评分在脱杯后、后药浴之前立即进行评分。同时对瞎乳头牛进行上报。

10.5.5　套杯

10.5.5.1　套杯步骤

在纸巾擦拭干净后，立即进行套杯工作，首先左手应先同时握住左前和左后的两个杯组，左后杯组呈折叠状，两杯组同时卡在拇指和食指中间，然后右手按气阀或上杯按钮，接着右手握住右前和右后的杯组，右后杯组也呈折叠状，两杯组也同时卡在拇指和食指中间，两只手在同一水平线上，先对准左前和右前两个乳头进行同时上杯，左前和右前套上杯后，再套左后和右后两个杯组。如果遇到有瞎乳区或异常乳区牛只不能套杯时，套杯前应先取乳头塞，挤奶杯组口塞上塞子方可套杯，不允许漏气。擦拭后应立即上杯，保证验奶到上杯时间在 90～120 s 内完成。套杯见图 10-2。

10.5.5.2　调整奶杯

如果遇到有瞎乳区或异常乳区牛只不能套杯时，套杯前应先取乳头塞，挤奶杯组口塞上塞子方可套杯，不允许漏气，严禁折叠奶杯。奶杯套好后要调整奶杯位置，观察各乳区出奶情况，若无异常，套杯完成。

10.5.5.3　套杯注意事项

上杯要迅速，尽量避免空气进入杯组，因为空气内有很多细菌会影响牛奶的质量；对于已经坏死的乳区要空开，避免上杯；在上完杯的同时要随时观察杯组是否有漏气或抽空现象，如有要及时补救，如果补救不及时会加大乳房炎的发病率、同时还会影响牛奶的质量。挤奶过程中进行巡杯。

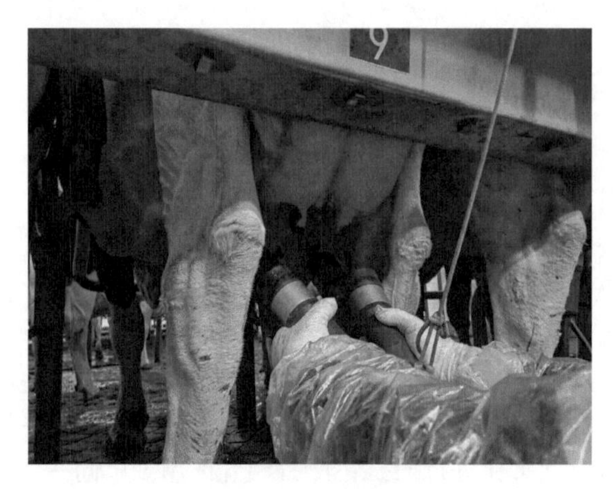

图 10-2 套杯

10.5.6 后药浴

10.5.6.1 后药浴的目的

在挤完奶的同时乳头孔不能马上闭合，这时是细菌侵入的最好时间，所以在收杯之后要立即喷洒消毒液将乳头孔封闭，这样可以大大降低乳房炎的发病率，同时还有润滑的作用，避免乳头划伤，起到保护作用。

10.5.6.2 操作步骤

每头牛完成挤奶脱杯后先观察乳房状况，无异常后进行挤后药浴（药浴要彻底、全面、有效）。后药浴必须使用药浴杯，将药浴杯盖拧开，灌满药浴液，拧上盖，用一只手握住药浴杯，轻轻一挤药浴杯中间部分，杯口有药浴液流出，对准每一个乳头，按照先前再后的顺序将乳头全部没入药浴液中；药浴杯杯口呈圆锥形状，药浴液不够 1/2 时，应再挤压药浴杯中部使药浴液盛满呈圆锥形状。后药浴见图 10-3。

图 10-3 后药浴

10.5.6.3　药浴液的使用和管理

药浴液必须现用现配，药浴液在乳头上必须形成滴水状，包裹乳头，每班次挤奶后药浴杯剩余药浴液必须倒弃。

10.5.6.4　后药浴及时性

挤完奶放牛之前必须完成全部药浴。

10.5.7　牛奶品质检测

10.5.7.1　滴定酸度

滴定酸度（°T）是指以酚酞作指示剂，中和 100 mL 牛奶中的酸所需 0.1 mol/L 氢氧化钠标准溶液的毫升数。

10.5.7.2　酒精试验

酒精有脱水作用，当给牛奶中加入酒精后，牛奶酪蛋白胶粒周围水化层被脱掉，胶粒变成只带负电荷的不稳定状态。当奶的酸度增高时，H^+ 与负电荷作用，胶粒变为电中性而发生沉淀。奶的酸度与引起酪蛋白沉淀的酒精浓度之间存在着一定的关系，故可利用不同浓度的酒精检测奶样，以是否结絮来判断奶的酸度。

10.5.7.3　牛奶之界限酸度的测定

牛奶的酸度在 18°T 以内者，为良质新鲜牛奶；牛奶的酸度在 20°T 以内者，为合格新鲜牛奶。所以，测定牛奶的这两个酸度点，就可知牛奶的新鲜程度。

10.5.8　牛奶运输

生鲜牛乳的盛装应采用表面光滑、无毒的铝桶，搪瓷桶、塑料桶、不锈钢槽车、镀锌桶和挂锡桶应尽量少用。通常情况乳桶可分为 50 kg 和 25 kg 两种。收购点对验收合格的牛乳应迅速冷却到 20 ℃以下。工厂收乳后应当用净乳机净乳，而后通过冷却器迅速将牛乳冷却到 4~6 ℃，输入储乳的罐储藏。储藏过程中应定期开动搅拌器搅拌，以防止脂肪上浮。生鲜牛乳运输可采用汽车、乳槽车等运输工具。运输过程中，应注意冬季和夏季均应保温运输，并有遮盖，防止外界温度影响牛奶质量。

10.6　泌乳牛牛舍清理

10.6.1　卧床舒适度维护

（1）垫料选择沙子、锯末、稻壳等松软、干燥、对奶牛无危害等材料。奶牛卧床如图 10-4 所示。

（2）沙子水分控制在 15%以内，木屑水分控制在 35%以内，沼渣水分控制在 60%以内，卧床抛沙车如图 10-5 所示。

10.6.2　卧床垫料补充

饲养部门安排专人定期对卧床进行补沙，牛舍卧床严禁出现缺沙或垫料板结的现象，同时严禁过度浪费。泌乳牛舍卧床补充垫料需要在奶牛上厅挤奶时进行，不得驱赶奶牛而影响奶牛休息和采食。

图 10-4　奶牛卧床

图 10-5　卧床抛沙车

10.6.3　卧床粪污的清理和平整

（1）所有牛舍每天清理卧床 2 次。

（2）泌乳牛去挤奶时，清理工要进入牛舍清理卧床上的牛粪、牛尿以及犄角的粪便，并平整卧床，而且必须要在挤奶结束回舍前完成工作。

10.6.4　卧床翻耕

在翻耕前必须保证卧床的干净与干燥，卧床翻耕时，要根据泌乳牛挤奶顺序，在奶牛上厅挤奶后，对泌乳牛舍卧床进行清理并翻耕，不得在有牛的情况下进行作业。

保证翻耕过的卧床平整，必须每天至少进行 1 次，无卧床翻耕车辆的牧场或安装了刮粪板系统导致卧床翻耕车辆无法驶入的牧场需人工翻耕维护平整卧床。

10.6.5　卧床舒适度评估

（1）垫料都要保证厚度不小于 15 cm，同时垫料略低于牛床外沿高度保持水平，卧床朝里的部分必须稍高于外部，方便奶牛躺卧。

（2）卧床要求保持干燥、松软、舒适；翻耕要求松软深度达 15 cm 以上。

10.7　干奶操作程序

干奶前 10 d 进行 CMT 检测，对于呈强阳性的牛应治疗转阴后再进行干奶。

10.7.1　消毒

在挤奶完成后，干奶时必须佩戴一次性手套，用酒精棉球或酒精纸对四乳区由先擦左前、右前、右后、左后，依次顺序进行擦拭消毒，且以每个乳头孔为中心由内到外进行消毒。每消毒完一个乳区，就立即注入干奶药，保证每个乳区消毒后无污染。

10.7.2　药物注射

注入干奶药物（选择短头针头，不能用长头针头，避免造成乳头炎），用手抓住乳头上推以助药物扩散。

10.7.3　后药浴

药物注射完成后再进行乳头后药浴。

10.7.4　标识

按照 SOP 要求对已干奶牛进行标识。

10.7.5　记录

做好干奶记录及转牛记录，确认干奶牛只数量后开始将干奶牛只转入干奶牛舍隔离。观察牛舍 4 d。专职兽医每天观察有无乳房炎，一般刚开始乳房充涨，可进行药浴，5~7 d，乳房内积奶被吸收，乳房陆续松软，呈布袋状，干奶工作结束。

10.8　泌乳牛疾病预防管理

10.8.1　定期免疫接种

根据当地奶牛疫病流行情况制订合理的疫苗接种计划，疫苗要按照说明书存放、稀释和使用。养殖场目前一般需要接种的疫苗包括口蹄疫疫苗、梭菌疫苗、传染性鼻气管炎疫苗、炭疽芽孢杆菌疫苗等。

10.8.2 乳房炎防治

根据《高产奶牛饲养管理规范》（NY/T 14—2021）对高产奶牛发病指标控制参数规定显示，高产奶牛乳房炎月发病率应低于3%，乳房炎作为一种发病率较高的生产性疾病，必须做好早期预防，日常管理措施有奶牛挤奶前后的药浴工作，每天的牛舍、牛体清洁和定期消毒管理，除此之外，还可选择适应范围广、抑菌能力强、无耐药性的中草药方剂来强化高产奶牛自身免疫力，提高机体对病原微生物的防御能力，方剂有复合中草药秦公散、蒲公英散、消炎增乳散。

10.8.3 缓解热应激

当高产奶牛所处环境的温湿度指数超过68时，需要进行防暑降温措施来缓解奶牛的热应激，保障正常产奶量。降温措施有在牛舍安装风扇（图10-6）、喷淋等设备进行环境降温。环境降温的同时也可采用饲喂鲜嫩多汁饲料、多饮水，每天每头奶牛日粮中补充180 g氯化钾+300 g乙酸钠，或日粮中添加1%碳酸氢钠+0.3%氯化镁等营养调控方式。

图10-6 风扇

第十一章　奶牛保健管理流程

11.1　奶牛保健管理目标

奶牛保健是运用预防医学的观点，对奶牛实施各种预防疾病和卫生保健的综合措施，是保证奶牛稳产、高产、健康、延长使用寿命的系统工程。

奶牛保健管理目标如下。

（1）成母牛年淘汰率<30%。

（2）6 月龄以上青年牛年淘汰率<8%。

（3）24 h 接产成活率：头胎牛≥90%、经产牛≥93%；产后 30 d 内死淘率<5%。

（4）产后 60 d 内死淘率<7%。

（5）临床乳房炎月发病率<2%。

（6）蹄病发病率<1%。

（7）修蹄完成目标：成牛母牛每年至少 2 次保健修蹄。

11.2　干奶期操作流程

11.2.1　干奶牛定义

干奶牛分为正常干奶牛和非正常干奶牛两种类型。

正常干奶牛：所有有胎（妊娠状态为已孕）干奶牛定义为干奶牛，不分怀孕天数 210 d 以上或以下，均视为正常干奶牛。

非正常干奶牛：无胎干奶牛定义为非正常干奶牛，均视为非正常干奶牛。

11.2.2　干奶程序

1）干奶的准备与操作

由信息员从系统打印出本周需要干奶牛只的派工单，根据派工单调出计划干奶牛。

由兽医/孕检人员负责妊检，确认牛只信息后反馈给信息员。在牛体尻部用蜡笔作标记，即“干”字。

干奶前修蹄：胎检后对每头干奶牛进行修蹄保健，并记录。

注射疫苗：修蹄后对每头牛注射梭菌疫苗 5 mL/头和 IBR/BVDV 疫苗 2 mL/头。

注射驱虫药：对每头牛注射乙酰氨基阿维菌素 15 mL/头。

2）干奶操作

干奶牛在最后一班次挤完奶后，操作人员佩戴灭菌手套，首先进行 CMT 检测（检测方法见 11.6 乳房管理流程），然后彻底挤净每个乳区中的奶，后药浴，并用毛巾擦干。

用 75%精棉球消毒乳头管开口处，以乳头管开口处为中心向乳头周围扩大消毒范围，消毒新乳头时注意更换棉球，不得重复使用。先消毒离操作人员远的乳头，然后消毒近端乳头。

注入干奶药，将干奶药注射器的头经乳头孔插入，针嘴插入不要过深，每个乳区推注一支干奶药。注完后，再用 75%酒精棉球消毒乳头孔，两手指轻捏乳头，轻揉让药物进入乳池但不要按摩乳房，再次药浴乳头。

做好干奶牛的标记，用蜡笔在牛的小腿处作显著标记，并立刻转入干奶牛舍。

将干奶派工单完成情况，传递信息员处录入电子档案管理系统。

3）干奶后注意事项

在干奶后 2 周内密切观察乳房情况，如果乳房出现红、肿、热、痛及漏奶现象，把乳房内奶汁挤净，按上述干奶操作进行二次干奶。对于干奶后有全身症状的奶牛，予以对症治疗，直至症状消失后按照干奶操作进行干奶。

11.3 围产期操作流程

11.3.1 围产牛定义

围产牛分为围产前期和围产后期；围产前期即产前（25±3）d 牛只，围产后期是产后 21 d 的牛只。

11.3.2 围产前期奶牛管理

围产牛转群：根据电子档案管理系统转派围产工单，将进入产前（25±3）d 的牛只转到围产前期牛舍，围产圈舍密度不得大于 85%。

围产牛转圈舍时须最大程度地减少对牛只的应激，禁止通过喊叫或制造异常声响的方法赶牛，更禁止鞭打牛只。赶牛需遵循牛的自然行走速度，不能过度惊吓且不能惊动其他牛只。

围产圈舍应设在相对安静的地方，配备运动场及待产栏，且临近挤奶厅及犊牛饲养区。

围产圈舍的卧床须始终保持平整、干燥、卫生、松软，粪道不能积粪积尿，清理时需避开牛只的集中采食时间。运动场需保持干燥、卫生、疏松，不能积水，坡度不可大于 15°。

围产牛保健：转群当天兽医负责给转群牛注射 VAD 10 mL/头、梭菌疫苗 5 mL/头、IBR/BVDV 疫苗 2 mL/头，并填写转群牛记录。

超龄牛的检查：每周将在胎天数超过 295 d 的牛只，由繁育人员进行妊娠检查，并及时更改系统。

11.3.3 产房管理

产房管理包括产房现场管理（表11-1）、产房器械管理（表11-2）、产房药品管理（表11-3）、产房人员管理（表11-4）。

表11-1 产房现场管理

产房区域	管理要求	牛只管理	消毒频次
待产区	产房有固定待产区，保证无异味、清洁、干燥、阳光充足、通风良好、无贼风，且需要设在安静，隐蔽处 产房准备新鲜的新产牛料和充足饮水，料槽和水槽必须干净卫生，做到天天清理 产房产床上的垫料要保持干燥、干净、舒适，产房产床3 d更换一次垫料并撒石灰，每天对产房卧床进行平整	产房内有病牛的牧场要将病牛和新产牛隔开	每天对产房消毒2次，消毒药品2%戊二醛和1%次氯酸钠交替使用

表11-2 产房器械管理

器械管理	管理要求
产科器械	助产器、产科钩、产科链、产科绳等必须保持干净、整洁、集中摆放于固定处；产科绳或产科链用完后，先清洗再用消毒液浸泡，可使用1%新洁尔灭或0.1%高锰酸钾溶液
手术器械	止血钳、手术剪、手术刀、刀柄、持针器、三棱弯针、圆弯针、三棱直针、缝合线用消毒液（消毒液使用1%新洁尔灭或0.1%高锰酸钾）浸泡并摆放于固定处
护理用具	剪毛剪、水桶、温水、毛巾、乳头药浴用品、消毒液、大动物灌服器、钙制剂灌服器用后清洗晾干
防护用品	围裙、长臂手套、橡胶手套等

表11-3 产房药品管理

药品准备	管理要求
必备药品	钙制剂、维生素A、维生素D、美洛昔康/氟尼辛葡甲胺、盐酸头孢噻呋注射液、植物油/石蜡油、灌服小料（产后护理浓缩料等灌服包）、10%碘酊
应急药品	10%葡萄糖酸钙、维生素C、止血敏、肾上腺素、普鲁卡因

表11-4 产房人员管理

项目	管理要求
值班	产房保证24 h有人值班，不得出现空岗期
巡栏	产房人员每2 h对围产或待产舍巡栏1次，发现有分娩征兆的牛只进行观察、记录，适时接产，接产后进行犊牛和新产牛的护理

11.3.4 接产流程

1）正常产犊

用0.1%新洁尔灭消毒液浸泡过的毛巾为待产牛只冲洗会阴部及其周围，并在牛只后方铺设接产垫后，站在牛只不被发现的安全距离外等待分娩。注意记录分娩第二期开始的时间，观察先露出的部位是否为两前蹄及唇，如果是，则可等待其自然分娩。青年牛胎儿产出的过程为0.5~6 h，经产牛胎儿产出的过程为0.5~4 h。青年牛在羊膜囊破裂后1.5 h、经产牛在羊膜囊破裂后1 h，如还未见进展则需进行胎检，如胎位正常且犊牛反应良好则可继续等待，如胎位不正或犊牛反应微弱则需考虑助产。

将大牛赶入保定架进行胎儿及产道检查。

胎检前需彻底清洗牛只会阴部及其周围，首先将牛尾固定，一手戴两层长臂手套，一手持装满0.1%新洁尔灭消毒液的量杯，一边缓慢倒消毒液，一边擦拭，清理完毕后脱下外层的手套用另一副检查。

2）异常产犊

异常产犊的定义：

a. 当母牛出现不安或反复起卧等临产征兆4 h后仍未见露泡；

b. 第二个膜囊破裂后进入第二产程头胎牛1.5 h、经产牛2 h仍然没有漏蹄；

c. 当胎蹄露出1 h仍不见大的进展，母牛强力努责超过30 min没有见胎蹄露出或努责时胎蹄露出，停止努责后又退缩回去；

d. 只露一蹄或露蹄后两个蹄子的方向不一致；

e. 唇部已经露出而看不见一或两腿、前腿已露出很长而不见唇部；

f. 只见尾巴，而不见一或两后腿。

3）助产检查

出现上述6种异常产犊的情况，需要进行助产检查，所有的检查首先确定是正生还是倒生、子宫颈是否开张及开张程度、是否有子宫扭转情形、胎儿是否存活、胎儿大小、初步判断胎儿通过产道的难易、胎位（上位或下位）、胎式。分以下5种情况并采取相应措施：

a. 检查发现胎位、产道开张正常，努责正常，需等待分娩；

b. 检查时发现胎位、产道开张正常，母牛无努责或努责不强烈，通知兽医补充能量并实施助产；

c. 检查时胎位正常，但是胎儿大（胎蹄球节直径>5 cm）或者产道狭窄（两腿在子宫颈内而头或者尻部卡在子宫颈口处）需要助产；

d. 检查时发现子宫颈口或产道拧结，及时实施子宫复位的调整；

e. 检查时发现胎儿在产道内的姿势及胎位不正常，需进一步详细检查确认难产情况，如头颈侧弯、后仰、前置屈曲、后肢屈曲等并实施助产。

4）助产等级区分

1级为顺产，无助产；2级为顺产，一人简单助产不需要设备；3级为中度难产，需要一人使用助产绳辅助；4级为难产需要两人以上或助产器用力牵拉；5级为高度难产需要碎胎或剖腹产，无法正常分娩。

5）助产

胎位正常胎儿相对过大，或者软硬产道相对过窄、产力不足等。胎儿卡在产道，无法正常产出，每个前腿拴上助产绳，伴随大牛努责左右交替牵拉助产绳，使犊牛肩部通过骨盆腔狭窄部。图 11-1 为胎位正常胎儿相对过大的助产方法。

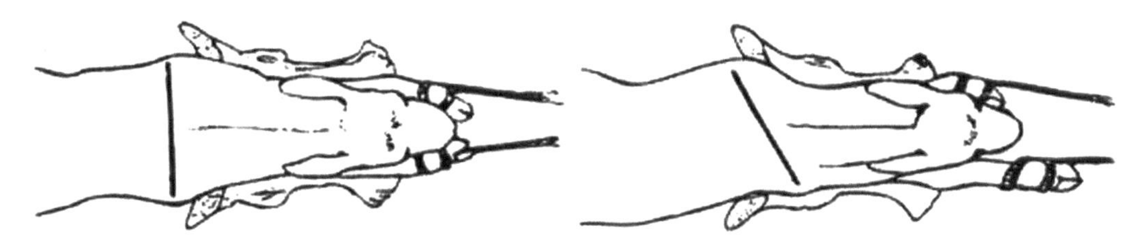

图 11-1　胎位正常胎儿相对过大的助产方法

犊牛正产，一只牛蹄露出，一只牛蹄卡在产道。一手握住屈曲前肢的蹄部托出，始终保持蹄尖在手心中，防止划伤大牛阴道。

胎儿正产，两蹄露出，但是头部却向一侧弯曲在产道内。先用产科链（助产绳）拴系两前肢蹄部；一手握住犊牛口鼻，用拇指、食指扣住眼窝，大牛努责的间隙，向外拉动；调整到正常位置后助产拉出。图 11-2 为两蹄露出但头部弯曲在产道中的助产方法。

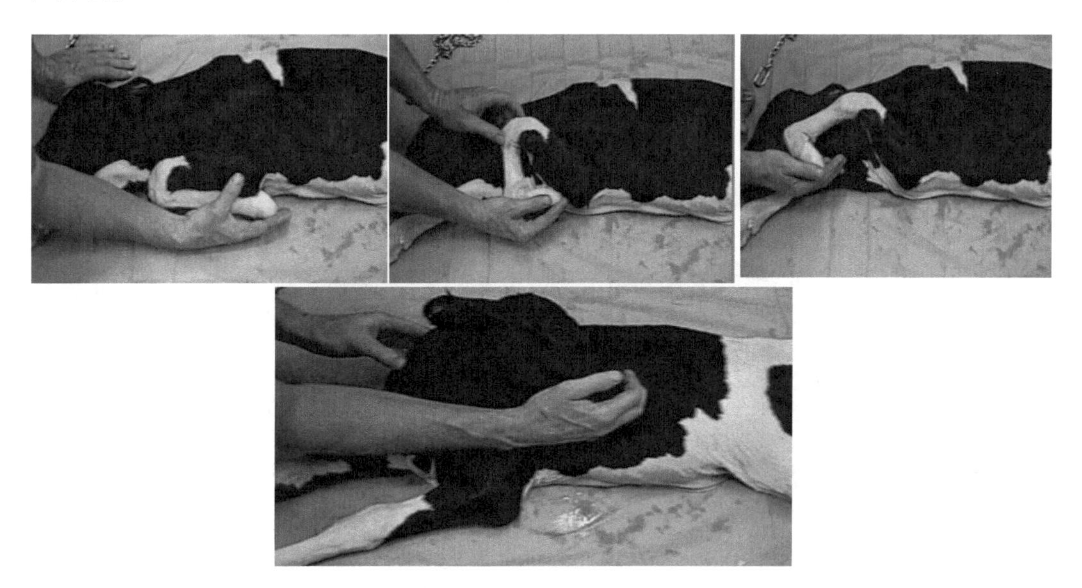

图 11-2　两蹄露出但头部弯曲在产道中的助产方法

倒生，一或两后肢屈曲卡在产道或子宫内；左手向前推动胎儿臀部，右手沿着后肢方向握住飞节，两手配合进行，后拉屈曲后肢的飞节；待空间足够大时，右手继续向前握住屈曲后肢的蹄部。左手向里前推动屈曲后肢的飞节，右手握住蹄部后拉（在大牛努责的间隙、两手配合进行）小心地将屈曲的后肢姿势矫正，使其伸展；同法矫正另一后肢；之后按照倒生助产方向牵拉助产。图 11-3 为倒生助产方法。

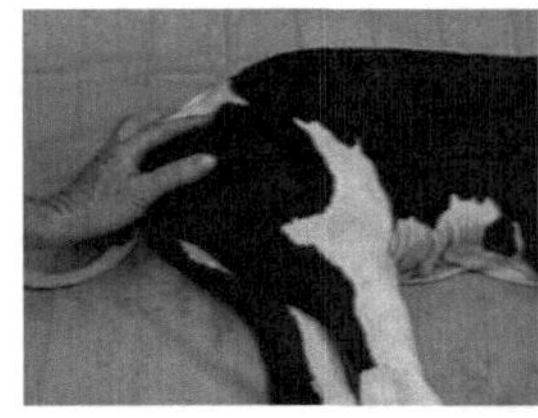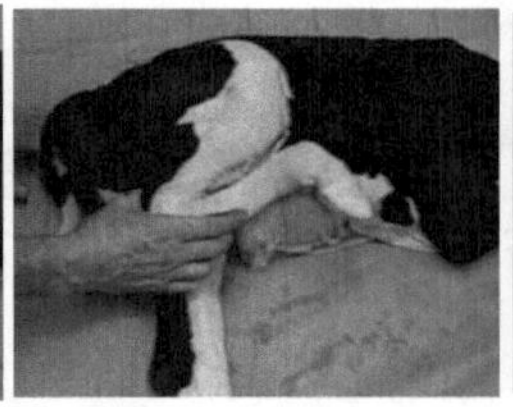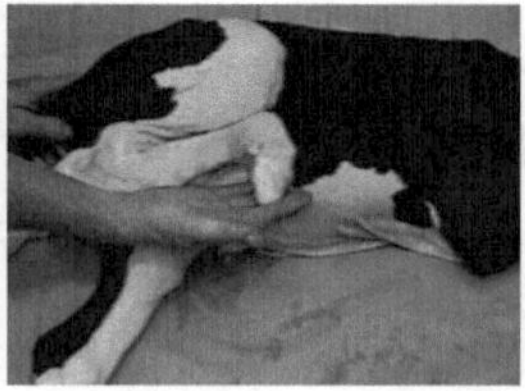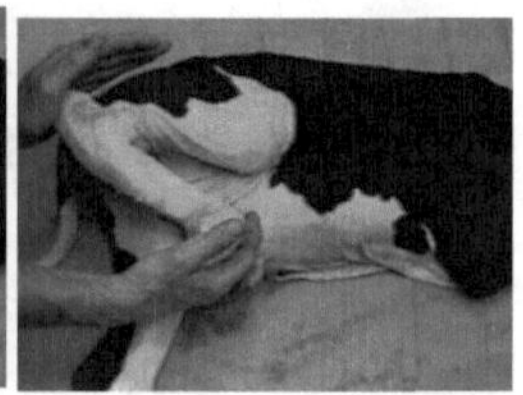

图 11-3　倒生助产方法

正产仰生，将胎儿两前肢交叉，旋转至正常胎位后常规助产；倒产仰生，将胎儿两后肢交叉，旋转至正常胎向，保持胎儿两后肢与大牛后肢成 90°夹角的方向，配合大牛努责小心拉出胎儿。

11.3.5　初生犊牛护理流程

（1）拉运。新生犊牛拉运车中，放一次性纸杯和浓碘酊，密切关注待产牛只，犊牛落地后抱到新生犊牛拉运车中，拉运车垫颗粒料袋子，把袋子放在地上，把犊牛放到袋子上。

（2）清除口鼻黏液。接产人员戴干净手套去除犊牛口鼻中的异物和黏液（图 11-4），也可用干净的草棍刺激犊牛打喷嚏喷出口鼻异物，之后更换干净的长臂手套；对于呼吸异常的牛只，可使用犊牛呼吸器将黏液吸出，直至呼吸正常。

图 11-4　犊牛擦拭

（3）脐带消毒。脐带消毒（图 11-5）共 5 次。第一次是出生后，第二次是灌服二次初乳时，第三次是转移到犊牛岛之前，第四次和第五次是转至犊牛岛第二天早上、下午饲喂常乳时。方法是距离犊牛腹部 5～8 cm 处剪断脐带，使用一次性纸杯盛 10%碘酊 50 mL 完全浸泡脐带和脐带根部，脐带根部消毒面积约两个手掌大小。间隔 35 s 后将环境吸附剂附着在脐带上。

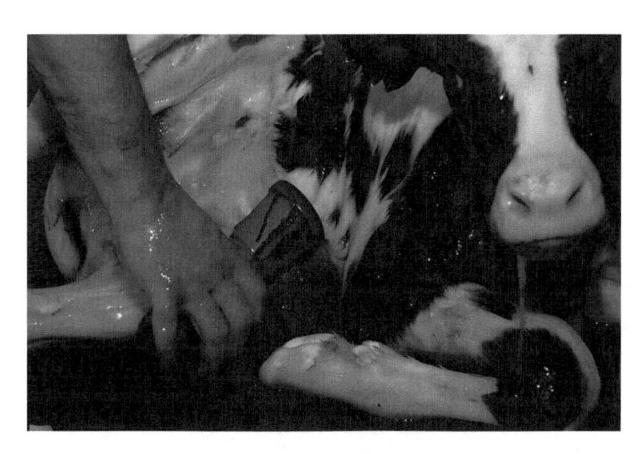

图 11-5　脐带消毒

（4）运回产房和擦干。将环境吸附剂在犊牛全身均匀涂抹一遍，并擦拭 3 min。

（5）称重。擦干后抱到出生称重磅上，记录数据，直到称重结束，把袋子扔掉，一牛一袋，出生至着手处理必须在 10 min 之内。

（6）暂放犊牛笼。犊牛转移到单栏（图 11-6）中存放，垫草厚度达到 20 cm，垫草一牛一换。

图 11-6　单栏

（7）打耳牌。出生后半小时内健康无问题、体重为 28～30 kg 的犊牛要打耳牌，右侧钉打机打耳牌，左侧手写耳牌。

（8）灌服初乳。在犊牛出生 1 h 内灌服初乳（图 11-7）。

（9）信息填写及交接。填写产犊记录表、转群记录等信息，产犊记录表按班次交接，并报送至信息处；新生犊牛于 12 h 内与犊牛部共同称重，填写记录后将犊牛移交犊牛部。

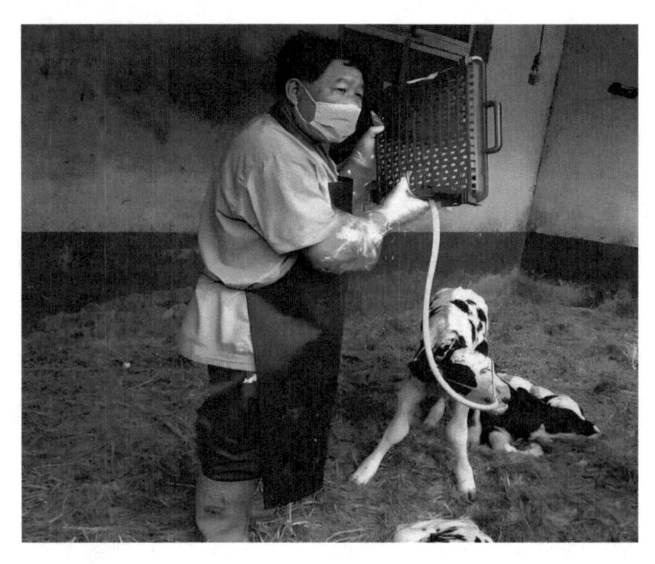

图 11-7 灌服初乳

11.4 新产牛操作流程

11.4.1 0~24 h 新产牛护理流程

1）护理流程

将牛保定于颈夹上，尾巴固定在牛只的身体一侧，剪掉尾根上的长毛后使用消毒液（0.1%高锰酸钾溶液）清洗会阴部、乳房。

正产牛：肌内注射维生素 A、维生素 D、维生素 E 10 mL/头，灌服钙制剂（2 胎以上的牛 1 枚、3 胎以上 2 枚间隔 8~12 h）。

高危牛（早产、难产、双胎、死胎，产道拉伤）：肌内注射氟尼辛葡甲胺/美洛昔康 20 mL/头，5%盐酸头孢噻呋注射液（连续使用 3 天）25 mL/头，维生素 A、维生素 D、维生素 E 10 mL/头；灌服钙制剂（2 胎以上牛 1 枚、3 胎以上 2 枚间隔 8~12 h），或者灌服产后护理浓缩料加 20~40 L 水（温水 30~35 ℃）。

2）挤初乳

产后 2 h 内用小挤奶机将初乳挤净，执行奶厅的挤奶程序挤奶、清洗乳头、前药浴、验奶、擦干、上杯、后药浴、洗机等工作要认真执行，检查乳房情况有异常的做记录，挤完初乳后将初乳交接给犊牛部门。

3）标记并做记录

接产人员在新产牛左侧臀部用蜡笔标记产犊日期；有助产过程的牛只，同时在左侧臀部产犊日期后标记助产等级（如：24-2）；填写产犊记录表，并按班次交接报送至信息处。

11.4.2　2~21 天新产牛护理流程

1）准备工作

工具准备：电子温度计、血酮检测仪和试纸条、一次性 5 mL 注射器（采血）、一次性 20 mL 注射器、酒精棉、笼头绳、一次性乳胶手套、长臂手套、输精枪外套、润滑剂、灌服瓶、听诊器、标记蜡笔（红色/蓝色）、写字板、笔、工具腰包、专用护理车。

药品准备：丙二醇、博威钙、5%盐酸头孢噻呋、美洛昔康/氟尼辛葡甲胺、碘甘油。

2）牛只检查

对所有产后 21 d 内牛只进行每天 1 次的护理检查，新产牛检查流程如图 11-8 所示，新产牛检查标准见表 11-5。

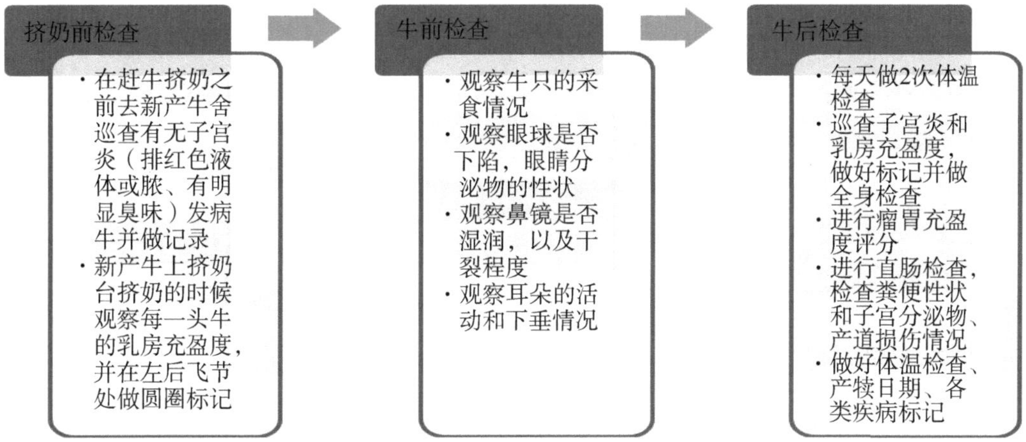

挤奶前检查

- 在赶牛挤奶之前去新产牛舍巡查有无子宫炎（排红色液体或脓、有明显臭味）发病牛并做记录
- 新产牛上挤奶台挤奶的时候观察每一头牛的乳房充盈度，并在左后飞节处做圆圈标记

牛前检查

- 观察牛只的采食情况
- 观察眼球是否下陷，眼睛分泌物的性状
- 观察鼻镜是否湿润，以及干裂程度
- 观察耳朵的活动和下垂情况

牛后检查

- 每天做2次体温检查
- 巡查子宫炎和乳房充盈度，做好标记并做全身检查
- 进行瘤胃充盈度评分
- 进行直肠检查，检查粪便性状和子宫分泌物、产道损伤情况
- 做好体温检查、产犊日期、各类疾病标记

图 11-8　新产牛检查流程

表 11-5　新产牛检查标准

项目	正常	异常
精神状态	反应敏捷	呆滞、反应迟缓
眼睛	明亮、正常	呆滞/凹陷/有眼屎
鼻镜	湿润、干净	干燥/鼻腔有脓性分泌物
食欲	食欲旺盛，采食迅速	食欲减退，甚至废绝
呼吸	30~50 次/min	频率加快，无规律
体温	38.5~39.4 ℃	≥39.5 ℃

（续表）

项目	正常	异常
瘤胃充盈度	3 分：左肷窝可见，短肋下皮肤垂直向下一掌宽，然后向外弯曲，沿髂骨翼的皮肤皱褶不可见 4 分：肷窝不可见，短肋下皮肤不可见	1 分：最后一根肋骨后的肷窝大于一手掌宽，左侧腹壁深陷，腰椎下方的皮肤向内弯曲，皮肤沿髂骨翼皱褶垂直下行 2 分：最后一节肋骨后的肷窝一手掌宽，肷窝呈三角形
粪便	光亮、奶油状、成形	稀软、黏稠、恶臭、潜血等
子宫分泌物	0 分：黏液清亮或无黏液 1 分：有黏液和斑点状脓	2 分：<50%脓，有异味，不发烧 3 分：>50%脓，有恶臭，发烧 4 分：流出红棕色水样分泌物，有恶臭，发烧
乳房充盈度	充盈、柔软	红肿热痛/干瘪

3）检查后的护理

通过检查，按照体温、瘤胃充盈度及精神状态等采取相应的处理方案，具体见图 11-9，并填写新产牛护理记录。

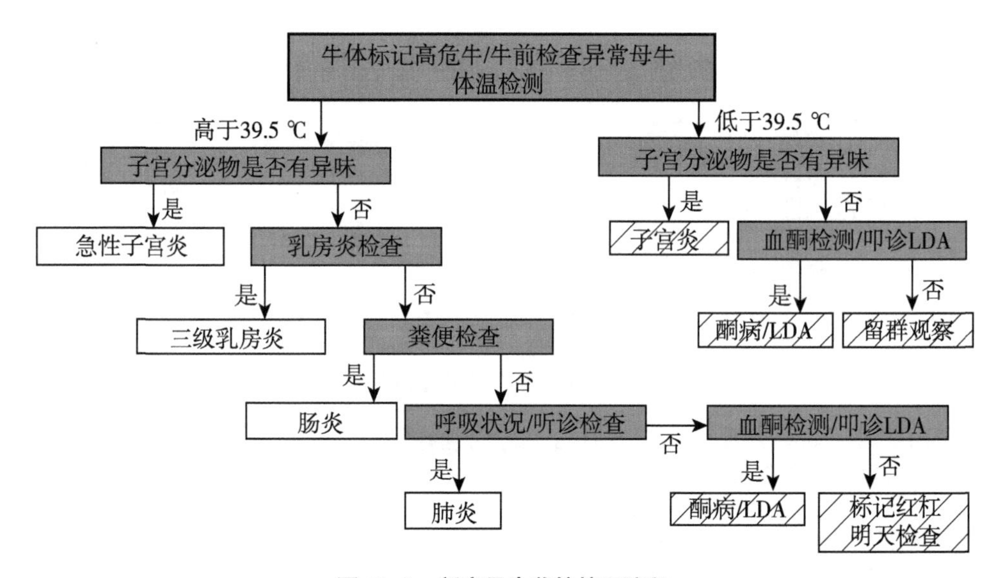

图 11-9　新产母牛监护护理流程

注：白底框代表牛转入病区；条纹底框代表牛留群处理。

4）牛体标识

产后 2～10 d 根据体温情况在其右侧大腿上部作条状标记（高于 39.5 ℃作红色、低于39.5 ℃作蓝色），治疗天数和标记条数一致；产犊日期用红色蜡笔标记于尻部左侧，每天都要补写直到 21 d 移交；乳房充盈度差在左后飞节上作红色圆圈标记，疾病名称用红色蜡笔标记在右侧尻部，相关疾病标记见表 11-6。

表 11-6 疾病标记

疾病名称	标记	疾病名称	标记
子宫炎	MET	胎衣不下	RP
真胃左方变位	LDA	酮病	KET
真胃右方变位	RDA	产道创伤	CI
产后瘫痪	MF	乳房水肿	ED

5）产后疾病诊断与治疗

子宫炎分级症状与处理方案见表 11-7。

表 11-7 子宫炎分级症状与处理方案

子宫分泌物评分	主要症状	图示	处理方案
4 分	1. 产道流出大量深褐色、恶臭的恶露 2. 产后 10 d 内发病 3. 全身症状明显，体温 39.5 ℃以上		子宫炎治疗，见附件 1
3 分	1. 子宫分泌物脓样（>50%，子宫分泌物评分 3 分），恶臭 2. 体温>39.5 ℃		
2 分	1. 子宫分泌物脓样（子宫分泌物评分 2 分） 2. 几乎无全身症状		

6）酮病诊断标准与处理方案

酮病诊断标准与处理方案详见表 11-8。

表 11-8　酮病诊断标准与处理方案

疾病名称	表现症状	检测诊断	处理方案	备注
酮病	食欲不振、产奶量下降、身体散发烂苹果味、舔自身或其他物体，具攻击行为等异常表现、排干燥、附有肠黏膜的粪便	血酮值：1.4 以下属于正常，1.4～3.0 属于亚临床酮病，3.1 以上属于临床酮病	亚临床酮病：肌内注射科特壮 25 mL（H/B Ⅱ：丙二醇 200～250 mL 灌服），1 次/d，连用 3～5 d。（临床酮病治疗方案详见附件 1）	每周三对产后 3～9 d、15～21 d 牛进行血酮检测

7）胎衣不下的诊断与治疗

胎衣不下的诊断与治疗详见表 11-9。

表 11-9　胎衣不下的诊断与治疗

疾病名称	表现症状	处理方案
胎衣不下	奶牛通常在产后 12 h 内排出胎衣，如果超过 24 h 仍未排出，则认为是发生了胎衣不下	胎衣不下奶牛无其他临床表现时（体温正常、精神食欲正常、产奶量正常），可不采取任何治疗措施，但应密切关注后期表现；出现感染/全身症状时，按照子宫炎处置

8）产道创伤的诊断与治疗

产道创伤的诊断与治疗详见表 11-10。

表 11-10　产道创伤的诊断与治疗

疾病名称	诊断	处理方案
产道创伤	有助产史；轻度拉伤：阴道黏膜层撕裂；重度拉伤：阴道深层组织、子宫颈撕裂	助产后立即用凉水冲洗外阴部 5 min；涂抹碘甘油，1 次/d，连用 5～7 d，连续治疗 3 d 后未见效的转入病区治疗；必要时进行产道撕裂处缝合；护理时用消毒液清洗外阴和拉伤部位

9）产后瘫痪的诊断与治疗

产后瘫痪的诊断与治疗详见表 11-11。

表 11-11　产后瘫痪的诊断与治疗

疾病名称	诊断	处理方案
产后瘫痪	产前 24 h 至产后 72 h 的瘫痪为产后瘫痪	补糖补钙疗法（治疗方案详见附件 1）

10）真胃移位的诊断与治疗

真胃移位的诊断与治疗详见表 11-12。

表 11-12　真胃移位的诊断与治疗

疾病名称	表现症状	诊断	处理方案
真胃移位：真胃左移	产奶量下降，体温正常，精神稍沉郁，脱水（眼窝下陷），食欲减退，反刍无力，次数减少，部分伴有腹痛和瘤胃臌气，最终产奶量明显下降，牛逐渐消瘦，肚腹缩小、蜷缩、弓腰，呈“片牛状”	听诊瘤胃蠕动音减弱，在左侧肩关节平线的 9~11 肋骨之间，听叩诊结合有明显钢管音，钢管音范围是在左侧肩关节水平线的 9~11 肋间或倒数 1~3 肋间的上方范围内，冲击式触诊可听见液体震荡音	确诊后 24 h 之内进行手术治疗，并进行术后护理
真胃移位：真胃右移	发病急，体温低于正常体温，精神沉郁，脱水；食欲减退或废绝，瘤胃蠕动减弱或停止，反刍减少、无力、甚至停止，喜欢经常饮水；粪便少或排出稀薄、颜色深的粪便，味腥臭，腹围明显膨胀，有些兼有明显腹痛	当顺时针扭转时，在右侧肩关节水平线上 9~11 肋骨之间叩诊有明显的钢管音；当逆时针扭转时，钢管音在腹胸部腹部的前中部；通过右侧腰旁窝的听诊、叩诊、冲击式触诊，可以证实真胃呈顺时针方向扭转；也可通过直肠检查，摸到扩张而后移的真胃	

11.5　全群巡查、治疗流程

11.5.1　准备工作

工具准备：体温计、长臂手套、听诊器、标记蜡笔。

11.5.2　大群巡栏

观察奶牛必须从牛群观察开始，然后是个体观察。牛群常见疾病的诊断与治疗见表 11-13。

牛群观察：牛舍中的牛只分布情况；在通道和卧床的比例。

个体观察：牛只警觉性，被毛情况，牛体卫生洁净度，膘情体况，瘤胃和腹部充盈度，表皮损伤，运动姿势，产奶量等变化。

在牛只上厅时，巡圈人员在回牛通道或牛舍门口，观察牛只行走、步态是否有异常，重点关注最后几头牛，记录牛只耳号，便于下厅后检查。

在牛只下厅后，首先重点查看上站时记录的牛只；其次是回舍后，未进行采食牛只；最后在颈夹前，观察所有牛只眼神、精神状态，采食情况等，对眼神呆滞、精神沉郁、采食异常牛只进行体温、呼吸、粪便，瘤胃蠕动等检查，经检查异常牛只转回病区再进行具体检查并治疗。

表 11-13　牛群常见疾病的诊断与治疗

疾病名称	主要症状	诊断要点	处置方案
感冒	体温≥40 ℃，精神沉郁，稍脱水，呼吸急促，瘤胃蠕动弱	体温升高，呼吸急促	见附件 1
肺炎	体温≥39.5 ℃，精神沉郁，呼吸急促、困难，瘤胃蠕动弱、脱水，逐渐消瘦	肺部听诊时可听到不同的杂音（干啰音、湿啰音等）	见附件 1
腹泻	a. 体温、呼吸、心跳等正常，被毛粗乱、无光泽，精神沉郁 b. 病牛采食减少，反刍减少，病牛鼻镜大多湿润，稍脱水（眼窝下陷），逐渐消瘦 c. 瘤胃蠕动音减弱，次数少，但没有明显的全身症状，排粪稀，有时伴有黏液 d. 产奶量迅速下降，乳房松弛无奶	a. 病牛瘤胃听诊蠕动音减弱 b. 粪便稀，伴有未消化日粮或少量黏液	见附件 1
真胃炎	a. 早期体温升高，心跳正常，反刍减少 b. 瘤胃蠕动弱，食欲减退，精神沉郁粪便少，颜色暗绿，产量迅速下降。 c. 后期体温偏低，心率加快，精神沉郁，喜卧，不愿站立，腹痛感明显	a. 粪便色黑，量少，并伴有少量黏液 b. 病牛表现反刍减少或停止 c. 后期严重脱水，危及生命	见附件 1
脓肿	a. 脓肿部位显著肿胀，早期按压发硬，后期按压有波动感 b. 一般不出现全身症状 c. 最好采用穿刺确诊	1. 确诊脓包，看脓包是否成熟，使用 20 号针头穿刺（穿刺前对穿刺部位进行消毒） 2. 如果内容物为脓，手术刀切开 -开口应选择在脓包最低点 -排净内容物，先用清水冲洗，再用双氧水冲洗，最后生理盐水冲洗干净 -抗生素全身治疗 -局部涂抹消炎防腐类药品	

11.6　乳房管理流程

11.6.1　乳房炎预防

11.6.1.1　隐性乳房炎检测

检测对象及频次：干奶牛干奶时测定、全群泌乳牛每个月测定1次。

11.6.1.2　检测流程

前药浴后弃掉前3把奶；每个乳区挤两把奶到检测盘上对应的区域中，始终保持检测盘把手对着牛尾的方向；倒掉检测盘中多余的牛奶，刚好露出检测盘上的刻度线即可；加入等量的检测液，轻轻摇匀，让药液与样品充分混匀后观察混合物状态，判定隐性乳房炎等级，具体判定方法见表11-14。将检测结果填写隐性乳房炎检测记录表。

表11-14　隐形乳房炎等级判定标准

等级	判定方法
阴性（-）	混合物呈液体状、倾斜检测盘时，流动流畅，无凝块
一级（±）	混合物呈液体状，底盘有微量沉淀物，摇动时消失
二级（+）	底盘出现少量黏性沉淀物，非全部形成凝胶状，摇动时，沉淀物散布于底盘，有一定的黏性
三级（++）	全部呈凝胶状，有一定的黏性，回转式向心集中，不易散开
四级（+++）	混合物大部分或全部形成明显的胶状沉淀物，黏稠，几乎完全黏附于底盘，旋转摇动时，沉淀集于中心，难以散开

11.6.1.3　结果分析

每月对比隐性乳房炎检测结果，进行趋势分析，如果趋势平稳，可不采取任何措施；如果隐性乳房炎发生率呈上升趋势，要对三级以上进行致病菌分离、治疗，并分析原因。

11.6.1.4　乳房炎致病菌检测

1）大缸样和群/组致病菌检测

每个月对大缸奶样进行致病菌分离检测，如果大缸奶样分离出金黄色葡萄球菌、链球菌和支原体，需要进一步进行群体检测排查。

大缸样采样方法：每班次挤奶完毕，牛奶进入奶仓。奶仓牛奶搅拌均匀后，由当班次挤奶班长或挤奶部长在奶仓采样口进行采样，做好标记，放入带有冰袋的保温箱，并做好记录。

分群/组采样方法：按照每头牛每个乳区采集等量牛奶（2~3把）的原则采集奶样，混合成一个样品，倒入无菌采样瓶中，做好群/组标记，放入带有冰袋的保温箱，记录整群/组牛耳号。

2）个体牛致病菌检测

检测对象：a. 新发临床性乳房炎牛只，每头牛采样检测；b. 每头新产牛第一次挤奶时采样检测，如果产犊较多，可按照30%~50%的比例抽检；c. 隐性乳房炎，每月对泌乳牛进行隐性乳房炎检测，等级三级以上牛只采样检测。

采样方法：采样人员须佩戴一次性乳胶手套进行采样。对进行采样的牛只，执行奶厅挤奶前药浴流程后，使用75%酒精棉球消毒乳头孔，且弃掉头3把奶，使用一次性无菌采样瓶采样，采样瓶瓶盖与瓶身呈45°；为防止杂物污染采样瓶，需将瓶身与牛只乳头也呈45°进行采样。采样后，样品需根据送样时间进行保存，送样时间在2 h内时，采用冷藏保存送样，当时间>2 h时，需将样品冷冻保存。

3）金黄色葡萄球菌和支原体乳房炎防控方案

隔离：对致病菌检测金黄色葡萄球菌和支原体阳性牛只进行隔离。

治疗：检测出金黄色葡萄球菌牛只，有临床症状牛只进行药物治疗，治疗方案按照乳房炎分级治疗方案进行。

淘汰和禁配：对反复复发乳房炎牛只进行禁配，持续挤奶，到无奶或产奶量成本高于牛奶出售收入时进行淘汰处理。

11.6.1.5 牛只盲乳排查

排查对象及频次：干奶牛干奶时排查、全群泌乳牛每月25日排查1次。

检测流程：参加挤奶的所有牛只进行盲乳头标记，对已佩戴标识带的乳区进行确定，如挤出乳汁正常，立即解除标识带，进行隐乳检测，针对隐乳检测结果进行治疗；现场检查为盲乳，未佩戴标识带的牛只，要立即佩戴相应乳区颜色标识带；最后将排查结果填写隐性乳房炎检测记录表。

11.6.2 临床乳房炎的揭发与治疗

11.6.2.1 临床乳房炎的揭发

临床型乳房炎的揭发通过观察乳汁性状、乳房状况和全身性症状进行级别判定。临床型乳房炎根据严重程度分为1、2、3级，分级标准见表11-15。

表11-15 临床乳房炎的揭发及分级标准

等级	主要症状
1级	轻度乳房炎，牛奶性状颜色改变，有斑点/凝块；乳区外观无任何变化。乳腺及全身情况均正常
2级	中度乳房炎，牛奶性状颜色改变，有斑点/凝块；乳区有红、肿、热、痛、硬的表现，无全身症状反应，体温、采食正常
3级	重度乳房炎，牛奶性状颜色改变，无奶或水样奶，有血迹；乳区红、肿、热、痛、硬等症状明显；有全身症状，体温升高、采食量降低、精神沉郁

11.6.2.2 乳房灌注的操作方法

乳房灌注的操作方法详见表11-16。

表 11-16　乳房灌注的操作方法

项目	步骤	要求
挤奶	—	严格按照正常挤奶操作流程挤净乳区牛奶；对挤奶员手臂进行严格消毒
乳头消毒	使用药品附带的酒精含量为 75%的纸巾擦拭乳头	一个乳头用一块，不能多乳头重复使用
注药	将装有药品的专用乳胶管的乳导管经乳头管口插入乳头内（不要插入太深），然后注入药品，要轻轻捻搓乳头管片刻	用双手自乳头→乳池→乳腺组织顺序轻轻向上按摩，使药液充分接触患区乳腺组织

11.6.2.3　临床乳房炎治愈判定及治愈牛只的转群流程

1）临床乳房炎治愈判定

一个或两个治疗疗程结束后，全身症状消失，乳房和乳汁正常或明显好转即可停止用药；治疗两个疗程后，未见明显好转，发病乳区执行干奶程序。

2）治愈牛只的转群流程

牛只治愈后转入待抗区，执行对应处方的休药期，待休药期结束后，进行快抗和慢抗的检测，两项均为阴性后与挤奶部交接转入大群。

11.7　肢蹄保健操作规程

11.7.1　浴蹄

11.7.1.1　浴蹄池的规格

蹄浴池设置在奶厅回牛通道上。一个清水池在前，一个药浴池在后，浴蹄池和清水池的长 2.5~3 m、宽 1.7~2 m、高 15~18 cm；两池间隔 1.5~2 m。

11.7.1.2　浴蹄程序

每周进行 3 次浴蹄，浴蹄药物需要交替使用，并做好浴蹄记录；蹄浴液深度保证在 10~12 cm（需保持约 360 L 液体），要求每批蹄浴结束，两个蹄浴池都要彻底清洗。

泌乳牛群出现传染性蹄病，浴蹄频次需增加次数至每周 4 次，执行周一至周四浴蹄；干奶牛、青年牛、围产牛出现传染性蹄病生石灰干浴或用 4%硫酸铜进行浴蹄。频次为每周 2 次（周一、周四或周二、周五），保证每头牛 1 L 稀释后药浴液。各牛群浴蹄方案及药物标准见表 11-17。

表 11-17　各牛群浴蹄方案及药物标准

浴蹄牛群	浴蹄类型	使用药物	浓度	浴蹄时间	标准
泌乳牛	湿浴	硫酸铜	4%	3 次/周	液面高度以高过副蹄为宜；保证每头牛 1 L 稀释后药浴液；做浴蹄记录
		蹄浴液	按使用说明稀释		

（续表）

浴蹄牛群	浴蹄类型	使用药物	浓度	浴蹄时间	标准
非泌乳牛	干浴	生石灰	15~20 cm	1 次/周	做干浴记录

11.7.2 修蹄

蹄病是奶牛群损失最大的疾病之一，每年对奶牛进行两次保健性修蹄，对患蹄病的牛在干奶期进行修蹄与治疗，是保证奶牛高产的主要环节。

11.7.2.1 奶牛行走移动评分

步态评分规程包括 4 个方面。人员、时间安排：每月必须在 15—20 日由修蹄主管对所有泌乳牛群进行一次步态评分。评分地点：要求在赶牛通道中，选择地势平坦的水泥地面进行，对每头泌乳牛在挤奶完毕回舍过程中进行现场评分。评分记录：要求评分人员准确记录跛行分值 3 分及以上跛行牛只的耳号，每月现场统计跛行评分纸质版记录需备案存档。评分结果跟踪：修蹄主管需对运步评分 3 分以上牛只调整蹄浴频率及修蹄治疗。

牛只步态评分标准见图 11-10 至图 11-14。

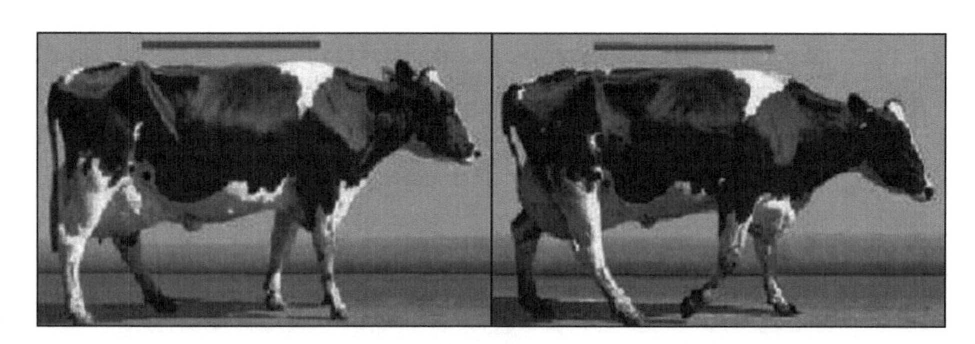

图 11-10　1 分正常牛只站立时背部平直，行走时背部平直

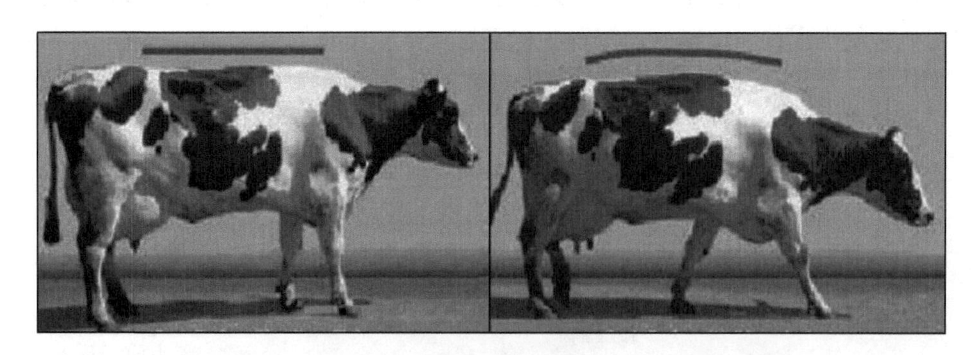

图 11-11　2 分跛行牛只站立时背部平直，行走时背部拱起

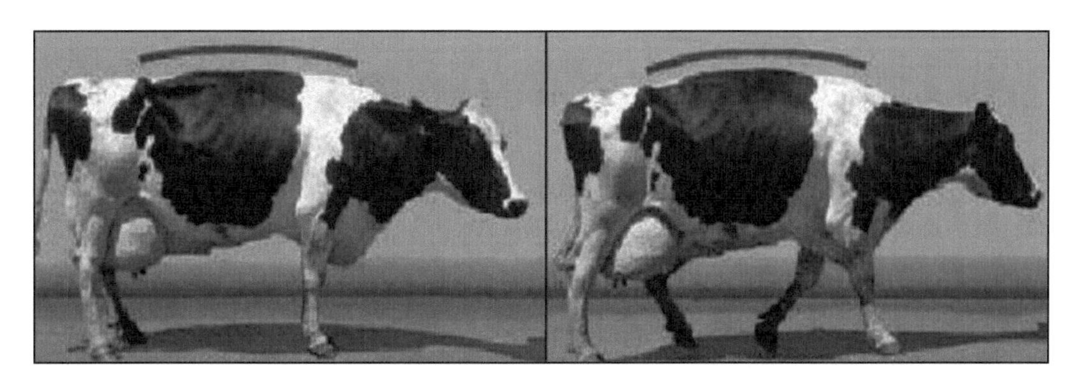

图 11-12　3 分跛行牛站立时背部弓起，行走时背部弓起

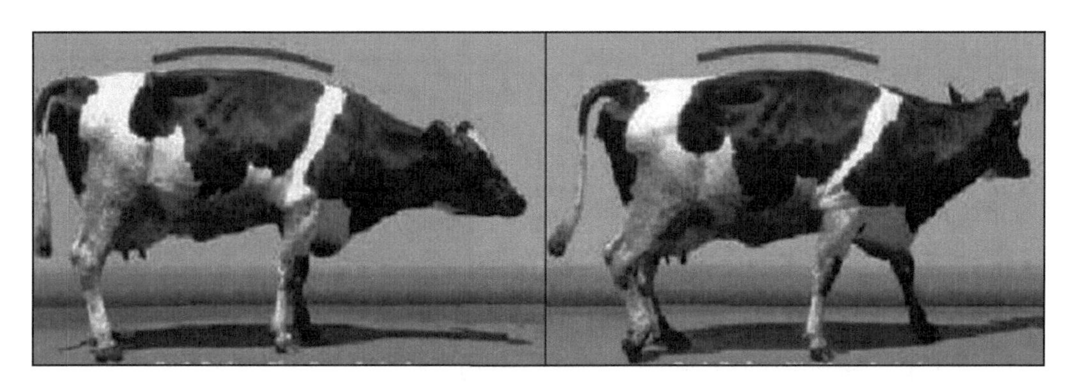

图 11-13　4 分跛行牛站立时背部弓起，行走时背部弓起，并能准确判断具体患肢

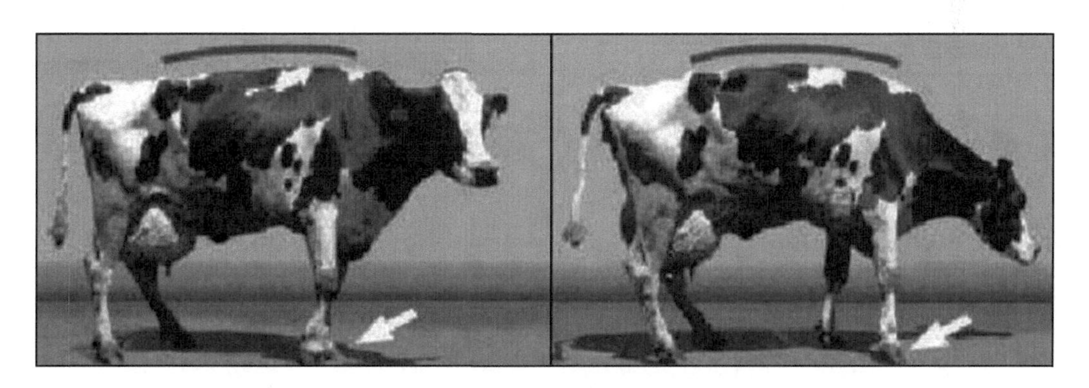

图 11-14　5 分跛行牛由于肢、蹄患病原因，病牛常难以行走

11.7.2.2　修蹄操作程序

1）准备工作

（1）修蹄设备准备：站立式蹄车或翻板式蹄车。

（2）用具准备：保定绳子、直刀、勾刀、修蹄钳、检蹄器、50 mL 注射器、医用绷带、自粘绷带、角磨机、蹄刷、蹄尺、磨刀器、手术刀、手术剪、止血钳。

（3）药品准备：护蹄膏、护蹄喷雾、高锰酸钾、松榴油、脱脂棉、5%碘酊、生理盐水、清水。

2）修蹄步骤

内侧蹄尖长度及蹄底：修去过长翘起的蹄尖；量长度，蹄壁长度 7.5 cm；把蹄底修平，与胫骨垂直；蹄壁宽度 6 mm；不修蹄跟，让蹄部角度呈现 52°（图 11-15A）。

外侧蹄部与内侧蹄一样：修去过长翘起的蹄尖；外侧蹄部的长度及底部以同内侧蹄；平衡蹄跟，从跗关节往下看垂直（图 11-15B）。

造型：留蹄尖三角地带；内侧蹄肢 1/3 或更少；外侧蹄肢 2/3 或更多；两蹄肢需有相等平整表面（图 11-15C）。

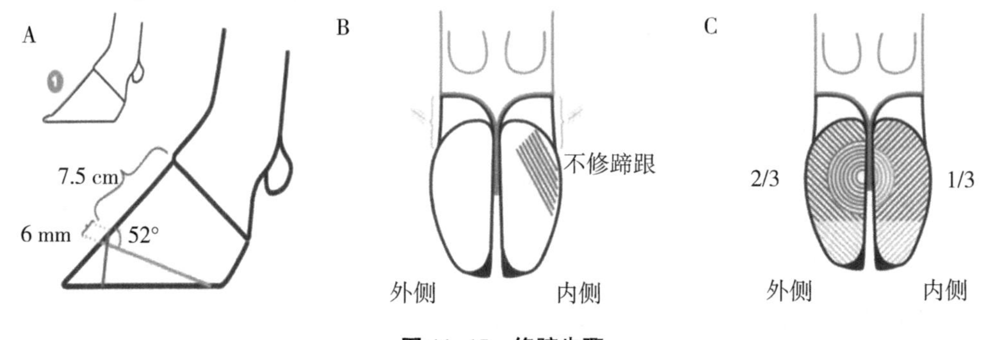

图 11-15　修蹄步骤

治疗性修整外侧蹄肢：如果溃疡处是可见的，须让受伤蹄肢休息；留蹄尖三角地带；如果可以，修整蹄底及蹄跟；如果不行，让内侧蹄肢穿木鞋（图 11-16A）。

治疗性修整松动角质：内侧蹄肢，只修后跟的松动角质；外侧蹄肢，去除松动角质或不健康角质；留蹄尖三角地带；溃疡周围薄及呈锥形（图 11-16B）。

做好修蹄记录并录入系统存档。

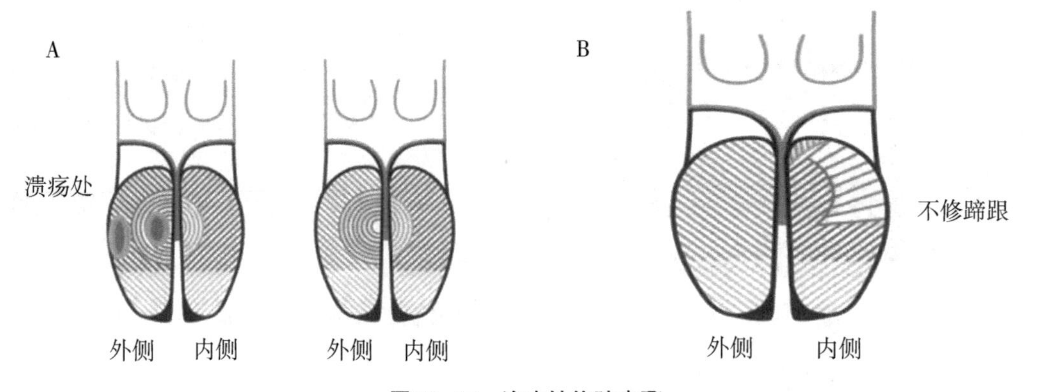

图 11-16　治疗性修蹄步骤

11.7.3　蹄病治疗

11.7.3.1　漏蹄

一般发生在奶牛蹄底的后 1/3 处即蹄底和蹄球交界处发生角质缺失、真皮裸露，进而发生肉芽组织增生，甚至引起蹄深部感染的一种病。前蹄一般都发生在内侧趾，后蹄基本上都发生在外侧趾。病变处角质坏死，呈黑色，角质变软、崩解、脱失，露出蹄底真皮，严重时形成肉芽肿，突出于角质表面（图 11-17）。治疗就是清理蹄部，然后把病变周围的角质削掉，目的是让这个很薄的指甲不再压迫里面敏感的部位。

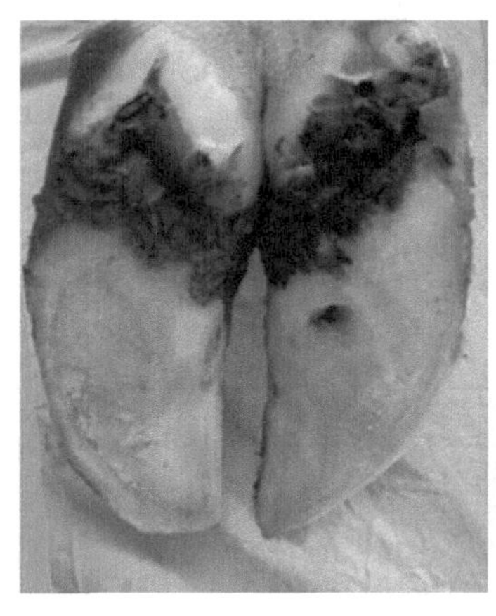
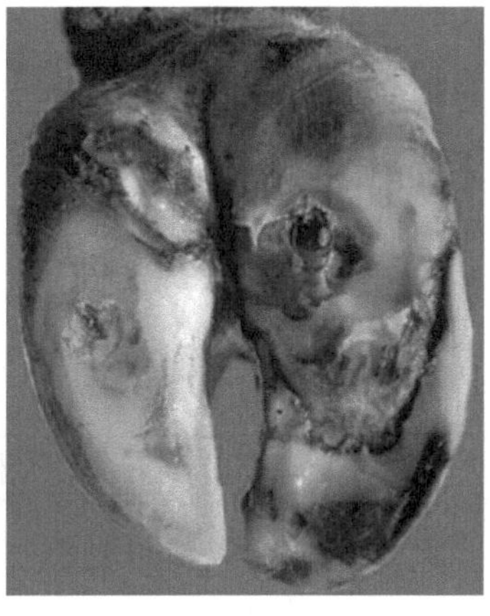
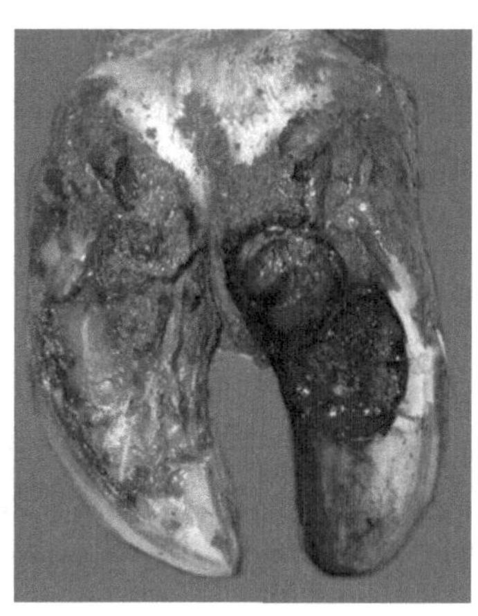

图 11-17　漏蹄

11.7.3.2　趾间皮炎

趾间皮炎（图 11-18）是蹄部一种急性或者慢性的炎症。表现为蹄趾间的皮肤表皮增厚、充血，有渗出物，治疗为用护蹄膏涂抹，然后用绷带包扎。

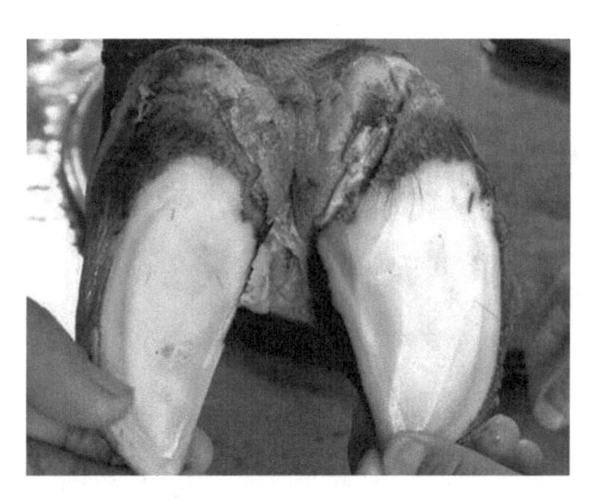

图 11-18　趾间皮炎

11.7.3.3　疣性皮炎

疣性皮炎指（趾）间隙背侧或掌（跖）侧皮肤出现菜花样增殖物，增殖物为真性纤维乳头状瘤（图 11-19）。治疗为用 0.2%高锰酸钾溶液清洗后，涂抹护蹄膏绷带包扎。

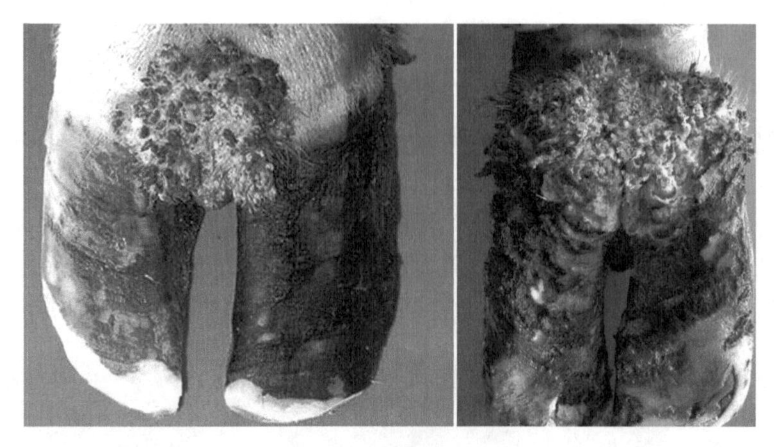

图 11-19　疣性皮炎

11.7.3.4　修蹄保健计划

修蹄保健计划详见表 11-18。

表 11-18　修蹄组周工作流程

日期	工作项目	工作内容
周一、周三、周六	泌乳牛蹄浴	1. 对泌乳牛进行浴蹄 2. 日常巡舍、蹄病揭发治疗、保健等
周二、周五	蹄病揭发治疗	一天 2 次全群巡舍揭发蹄病，对泌乳牛、干奶牛、围产牛、青年牛、育成牛进行保健性修蹄及蹄病治疗，并做修蹄或治疗记录
周四	干奶牛修蹄	完成本周干奶预警牛只的保健修蹄
周日	干蹄浴	对干奶牛、围产牛、后备牛进行生石灰干蹄浴，做记录

11.8　牛只淘汰申请流程

11.8.1　牛只淘汰原因

①泌乳天数在 300 d 以上，无胎无奶牛只。②2 个或 2 个以上乳区坏死。③繁殖配种 9 次以上，奶量<5 kg，产后天数在 230 d 以上。④单胎次流产 2 次以上牛只。⑤单胎次乳房炎发病 3 次以上，且怀孕天数小于 90 d 牛只。⑥治疗天数在 15 d 以上，且怀孕天数小于 90 d 牛只。

11.8.2　牛只活淘/死亡淘汰流程

由牧场保健经理登录奶牛信息系统，查询准备淘汰牛只的基本信息，组织和大群主管进行会诊、分析，以确认需淘汰的牛只疾病名称。病死牛只必须转运至牧场病死牛固定堆放点，严禁流入市场进行交易。同时电话通知淘汰牛拉运商或无害化处理场。

牧场保健经理拍摄淘汰牛只现场照片，登录 OA 系统发起《牛只活淘/死亡淘汰请示报告》，将现场照片上传至《牛只活淘/死亡淘汰请示报告》，在填写《牛只活淘/死亡淘汰请示报告》时，所填耳号必须是奶牛信息系统中的 6 位标准耳号，保证信息完整，发送至牧场总经理。病死牛只无害化处理时，必须留存处置影像资料；并且填写《牛只无害化处理台账》、保留无害化处理凭证存档，台账资料至少保存 3 年。

牧场总经理收到《牛只活淘/死亡淘汰请示报告》与牧场保健经理核实，亲自核查拟淘汰牛只的实际情况。对认为符合淘汰标准和规定流程的，批示意见并签字确认，对于死淘及活淘牛只单次≤3 头符合淘汰的，总经理审批后发送本牧场会计，上传照片即可结束流程，通知保健经理牛只可以离场；对单次淘汰>3 头的活淘牛只，总经理审核完毕后，需在 30 min 内将报告发送至运营系统保健部进行复核；运营系统保健部在收到活淘报告后，对拟淘汰牛只实际情况进行复核（牛只信息、发病情况、用药情况），对不符合淘汰要求的，提出终止淘汰意见并退回淘汰牛只请示报告；对符合淘汰要求的提出淘汰意见，在 2 h 内将复核意见发送事业群总经理处。

事业群总经理在接到运营系统保健部的批示意见后，在 30 min 内审核完毕后，流程结束。

11.8.3　淘汰牛只照片拍摄要求

要求拍摄 3 张淘汰牛只入场及离场照片，分别为牛只头部、牛只身体左侧和右侧照片，根据设备数据中心工作规范完成，并由设备数据中心将照片一致性审核完毕后，每月将审核完毕后的照片提供至肉牛销售部。

参考文献

艾合坦木·吐达洪，吐尔逊江·吾木尔艾力，2021. 奶牛不同泌乳期及干奶期的饲养管理［J］. 农村新技术（8）：27-28.

曹健，2018. 奶牛常用饲料的选择和饲喂技术［J］. 现代畜牧科技（7）：60.

陈超，张欣欣，安志高，等，2019. 奶牛早期妊娠诊断技术的研究进展［J］. 中国奶牛（4）：26-29.

楚国强，2021. 夏季热应激对奶牛的不利影响和应对措施［J］. 乡村科技，12（13）：68-69.

丁红，郭志勤，罗汝棉，等，1985. 测定奶中孕酮含量作奶牛早期妊娠诊断的研究［J］. 畜牧兽医学报（3）：155-158.

国家市场监督管理总局，国家标准化管理委员会，2023. 中国荷斯坦牛：GB/T 3157—2023［S］. 北京：中国标准出版社.

姬改珍，李培锋，关红，等，2010. 复方中药秦公散对小鼠脾脏和外周血中 T、B 淋巴细胞的影响［J］. 中国畜牧兽医，37（7）：37-40.

贾丽萍，郝卫芳，2013. 蒲公英散与抗生素治疗奶牛乳房炎的比较试验［J］. 中国奶牛（13）：28-30.

李军，2015. 奶牛提高繁殖力的措施［J］. 黑龙江科技信息（17）：267.

李胜利，姚琨，刘长全，等，2024. 2023 年度奶牛产业与技术发展报告［J］. 中国畜牧杂志，60（3）：338-341.

李艳艳，2016. 牛妊娠相关糖蛋白（PAG）ELISA 检测技术的应用研究［D］. 杨凌：西北农林科技大学.

刘广振，2005. 奶牛繁殖力的评定指标［J］. 黑龙江动物繁殖（1）：43-44.

秦颖，2022. 泌乳期奶牛饲养管理工作的要点［J］. 畜牧兽医科技信息（7）：147-148.

苏银池，薛永康，张震，等，2021. 奶牛场常用早期妊娠诊断技术研究进展［J］. 中国奶牛（10）：12-15.

孙广坤，李臣，谷艳波，2019. 荷斯坦种公牛采精方法研究［J］. 兽医导刊（15）：51-52.

孙素珍，孙正专，2012. 奶牛分娩助产时应注意的问题［J］. 上海畜牧兽医通讯（1）：63.

唐丽红，2017. 奶牛正确助产方法及助产后护理的要点［J］. 现代畜牧科技（4）：49.

屠焰，2013. 奶牛饲料调制加工与配方集萃［M］. 北京：中国农业科学技术出版社 .
王飞，金光明，葛建伟，2005. 中草药对奶牛隐性乳房炎的治疗效果观察［J］. 安徽技术师范学院学报（2）：8-10.
王永厚，马晓萍，2021. 干奶期奶牛的饲养管理技术［J］. 饲料博览（8）：67-69.
邢长亮，2022. 奶牛人工授精和妊娠诊断［J］. 畜牧兽医科技信息（4）：139-140.
杨帆，2020. 奶牛分娩前后的饲养管理及其注意事项［J］. 现代畜牧科技（6）：39-40.
杨祥福，2021. 奶牛人工授精的优缺点和技术要点［J］. 中国乳业（3）：53-56.
杨月美，2022. 影响泌乳的因素和不同泌乳阶段奶牛的饲养管理［J］. 山东畜牧兽医，43（9）：39-41.
昝林森，2007. 牛生产学［M］. 2 版 . 北京：中国农业出版社 .
张传良，2013. 奶牛牧场重大疫病的免疫接种程序［J］. 养殖技术顾问（12）：161.
中华人民共和国农业部，2004. 奶牛饲养标准：NY/T 34—2004［S］. 北京：中国标准出版社 .
中华人民共和国农业部，2007. 标准化奶牛场建设规范：NY/T 1567—2007［S］. 北京：中国标准出版社 .
朱荣乾，屈德维，2021. 围产期奶牛的饲养管理［J］. 畜牧兽医科技信息（2）：114.
朱铁豪，2020. 奶牛的营养需要简介［J］. 饲料博览（6）：92.
FRICKE M P，RICCI A，GIORDANO O J，et al.，2016. Methods for and implementation of pregnancy diagnosis in dairy cows［J］. Veterinary Clinics of North America：Food Animal Practice，32（1）：165-180.

附件1　处方

<table>
<tr><th>疾病分类</th><th>疾病名称</th><th>用药方案1</th><th>用药方案2</th></tr>
<tr><td rowspan="2">产科疾病</td><td>产道拉伤</td><td>肌内注射：头孢混悬液20 mL（H/BⅡ：美洛昔康15 mL）；产道壁涂抹碘甘油</td><td>严重缝合处理，并涂抹碘甘油。静脉注射：0.9%氯化钠1 500 mL +青霉素400万U×4支（2次/d），5%葡萄糖注射液1 000 mL+维生素C 50 mL+维生素 B_1 50 mL；肌内注射：止血敏5支，头孢混悬液20 mL（H/BⅡ：美洛昔康15 mL）</td></tr>
<tr><td>子宫炎</td><td>肌内注射：头孢混悬液20 mL</td><td>静脉注射：青霉素400万U 4支（2次/d）+柴胡100 mL+0.9%氯化钠1 000 mL，5%碳酸氢钠1 000 mL，肌内注射：头孢混悬液20 mL（H/BⅡ：美洛昔康15 mL）</td></tr>
<tr><td rowspan="4">营养代谢疾病</td><td>胎衣不下</td><td>肌内注射：头孢混悬液20 mL，VAD 5 mL×4支</td><td>静脉注射：碳酸氢钠注射液500 mL，10%葡萄糖注射液1 000 mL+维生素C 50 mL+维生素 B_1 50 mL，0.9%氯化钠注射液500 mL+青霉素钠400万U×5支（2次/d），葡萄糖酸钙注射液500 mL；肌内注射：PG 5 mL</td></tr>
<tr><td>产后瘫痪</td><td>博威钙，1粒1次灌服，2次/d</td><td>静脉注射：50%葡萄糖注射液500 mL，葡萄糖酸钙注射液1 000 mL，5%葡萄糖注射液1 000 mL+维生素C 50 mL+维生素 B_1 50 mL</td></tr>
<tr><td>临床酮病</td><td colspan="2">静脉注射：碳酸氢钠注射液500 mL，5%葡萄糖注射液1 000 mL+维生素C 50 mL+维生素 B_1 50 mL，50%葡萄糖注射液1 000 mL；肌内注射：科特壮25 mL</td></tr>
<tr><td>真胃变位</td><td colspan="2">静脉注射：碳酸氢钠500 mL，复方氯化钠3 000 mL，5%葡萄糖500 mL+维生素C 50 mL+维生素 B_1 50 mL，0.9%氯化钠1 000 mL+氨苄西林钠15支，10%浓氯化钠500 mL；灌服：碳酸氢钠500 g+健胃散500 g</td></tr>
<tr><td rowspan="2">呼吸系统疾病</td><td>感冒</td><td colspan="2">静脉注射：5%葡萄糖1 000 mL+维生素C 50 mL+维生素 B_1 50 mL，0.9%氯化钠1 000 mL+青霉素钠400万U×5支（2次/d）</td></tr>
<tr><td>肺炎</td><td>肌内注射：头孢混悬液20 mL（泌乳牛）（H/BⅡ：美洛昔康15 mL）</td><td>静脉注射：0.9%氯化钠注射液1 000 mL +青霉素400万U×5支（2次/d），5%葡萄糖1 000 mL+维生素C 100 mL+维生素 B_1 50 mL；肌内注射：双黄连注射液100 mL</td></tr>
</table>

（续表）

疾病分类	疾病名称	用药方案 1	用药方案 2
消化疾病	腹泻	静脉注射：注射用氨苄西林钠 1. 0 g×15 瓶+穿心莲注射液 100 mL+0. 9%氯化钠注射液 1 000 mL，5%葡萄糖注射液 1 000 mL+维生素 C 50 mL+维生素 B_1 50 mL，碳酸氢钠注射液 1 000 mL；灌服：白头翁口服液 400mL	
	真胃炎	肌内注射：B 族维生素 10 mL×5 支，1 次/d；灌服：健胃散 750 g，液体石蜡油 500 mL×5 瓶	静脉注射：5%碳酸氢钠 500 mL，复方氯化钠 3 000 mL，5%葡萄糖 500 mL+维生素 C 50 mL+维生素 B_1 50 mL，0. 9%氯化钠 1 000 mL+氨苄西林钠 15 支，10%浓氯化钠 500 mL
乳房疾病	1 级	第一疗程：优孢欣或克百胜，乳注 2 d，停药 3 d	第二疗程：乳畅或速诺，乳注 3 d，停药 3 d
	2 级		第二疗程：乳畅或速诺，乳注 3 d，停药 3 d
	3 级	乳注优孢欣 1 次/d 或速诺 2 次/d，连用 3 d；（H/B Ⅱ：肌内注射美洛昔康 15 mL）	静脉注射：氨苄西林钠 15 支（或注射用头孢噻呋钠 1 次/d）+氯化钠 1 000 mL（3 次/ d），碳酸氢钠 1 000 mL，5%葡萄糖 500 mL+维生素 C 50 mL+维生素 B_1 50 mL，复方氯化钠 5 000 mL。每天 4 次挤奶（可结合用药方案 1 治疗）（H/B Ⅱ：肌内注射氟尼辛葡甲胺 25 mL）。